再也不怕，拖延症

THE WORRIER'S GUIDE TO OVERCOMING PROCRASTINATION

（美）帕梅拉·S.威加茨　凯文·L.焦尔科　著
(Pamela S. Wiegartz)　(Kevin L. Gyoerkoe)

石孟磊　译

化学工业出版社

·北京·

The Worrier's Guide to Overcoming Procrastination by Pamela S. Wiegartz, Kevin L. Gyoerkoe
ISBN 9781572248717
Copyright©2010 by Pamela S. Wiegartz and Kevin L. Gyoerkoe. This edition arranged with NEW HARBINGER PUBLICATIONS Through BIG APPLE AGENCY, INC., LABUAN, MALAYSIA.
Simplified Chinese edition copyright: 2020 Chemical Industry Press Co., Ltd
All rights reserved.
本书中文简体字版由New Harbinger Publications授权化学工业出版社独家出版发行。
本版本仅限在中国内地（大陆）销售，不得销往中国香港、澳门和台湾地区。未经许可，不得以任何方式复制或抄袭本书的任何部分，违者必究。

北京市版权局著作权合同登记号：01-2020-2757

图书在版编目（CIP）数据

再也不见，拖延症／（美）帕梅拉·S. 威加茨（Pamela S. Wiegartz），（美）凯文·L. 焦尔科（Kevin L. Gyoerkoe）著；石孟磊译. —北京：化学工业出版社，2020.8（2022.1重印）
书名原文：The Worrier's Guide to Overcoming Procrastination
ISBN 978-7-122-37247-5

Ⅰ.①再… Ⅱ.①帕…②凯…③石… Ⅲ.①成功心理-通俗读物 Ⅳ.①B848.4-49

中国版本图书馆CIP数据核字（2020）第103989号

责任编辑：赵玉欣　王　越　丛　靓　　正文插图：亓毛毛
责任校对：王鹏飞　　　　　　　　　　　装帧设计：尹琳琳

出版发行：化学工业出版社
　　　　　（北京市东城区青年湖南街13号　邮政编码100011）
印　　装：三河市航远印刷有限公司
880mm×1230mm　1/32　印张6¼　字数131千字
2022年1月北京第1版第4次印刷

购书咨询：010-64518888
售后服务：010-64518899
网　　址：http://www.cip.com.cn
凡购买本书，如有缺损质量问题，本社销售中心负责调换。

定　价：59.80元　　　　　　　　　　　　版权所有　违者必究

前言

我们知道克服拖延有多么困难,你可能已经尝试过很多方法,做过许多努力,也明白拖延的后果(例如错过截止日期、账单逾期、主管不满、成绩糟糕、体验到负罪感和能力不足),但仍然觉得身陷困境,总是无法达到预期的工作效率,无法停止拖延。如果你拿起这本书,我们很高兴它能给你带来希望。

虽然经常被忽视,但是,多数时候焦虑实际上是逃避行为背后的动力。恐惧失败、害怕成功与完美主义都会滋生焦虑、导致拖延。你可能经历过这样的情况:老板发来一封电子邮件提醒你项目进度滞后了,你因此感到肾上腺素激增,立刻做出"我没法处理它"的判断,并站起来与同事聊天;或者在因账单而感到恐慌时,告诉自己"我将会欠一大笔钱了",然后把账单放到一边,打开电视。当感到焦虑时,我们可能习惯于逃避任务,而不是面对并完成它们,让拖延变成了一种生活方式。

好消息是：拖延是能被改变的习惯。我们可以摆脱一系列焦虑的逃避行为，重塑自己的生活；可以通过发展能力来享受生活。成功克服拖延意味着我们能高效工作、快乐生活，能完成任务，在休闲时摆脱困扰已久的负罪感。最终，我们会真正地放松下来，并且明白没有什么事会成为无从应对的威胁。

这本书包含一系列克服拖延所需的工具，我们希望它能帮助你解决拖延问题，并在战胜恐惧的过程中越来越快乐、高效，逐渐建立起稳定的自尊。

如何使用这本书？

当阅读《再也不见，拖延症》时，你会注意到这本书包含四个部分。在第一部分中，你将了解到焦虑与拖延之间的关系，发现拖延背后的原因，并开始投入努力做出改变。在第二部分中，你将努力改变那些引发焦虑与拖延的消极思维模式，找到逃避行为背后的对失败（或成功）的恐惧，提升完成任务的信心；或通过挑战自己的完美主义信念，来接受生活中固有的不确定性。第三部分包括改变行为并朝着目标前进的策略，我们将说明如何设定有效的目标以提高工作效率，并指导你更有效地管理时间。最后，我们在第四部分中介绍了一些方法，让你维持那些来之不易的积极改变。你将了解社会支持在维持改变中的关键作用以及其他防止复发的技巧。

为了充分利用这本书，我们还有如下建议：

• 完成这本书中所有的自助练习。阅读最新的时尚杂志不会改变你的穿衣风格，同样，仅仅阅读这本书不会让你战胜拖延。拿起你的笔，就像我们让来访者做的那样——付诸行动。

• 坚持！虽然这些策略是快速有效的，但是打败焦虑和拖延这支难以战胜的"队伍"是需要时间和精力的。坚持下来，你一定会觉得值得。

• 如果需要，请寻求外援。如果你认真完成这本书的练习后，仍然感到自己的进步没有达到预期，那么，在使用本书的同时，可以找一位擅长处理焦虑与拖延问题的认知行为咨询师。

• 奖励自己！说实话，改变是困难的，你要为你艰苦的努力奖励自己。奖励可大可小，但不管怎样，你要充分肯定自己为克服拖延付出的努力。

目 录

第一部分　了解我的拖延　- 001

第 1 章　我们为何会拖延　- 003

看看你是哪种拖延　- 004
 行为拖延　- 004
 决策拖延　- 004
 主动拖延　- 006

拖延十有八九是因为焦虑　- 007

焦虑如何导致拖延　- 008
 自我怀疑　- 008
 对失败的恐惧　- 009
 对成功的恐惧　- 011
 完美主义　- 012
 各种因素的共同作用　- 013

第 2 章　如何找到自己拖延的真正原因　- 015

可能的原因　- 017
拖延原因自测　- 019

第3章 克服拖延要做哪些准备 - 023

找到改变动机 - 024
做好改变的准备 - 026
 发现克服拖延的好处 - 026
 设定切实有效的目标 - 027
做出公开承诺 - 028

第二部分 我如何才能克服拖延 - 031

第4章 克服因恐惧失败或成功导致的拖延 - 033

因恐惧失败而拖延 - 034
因恐惧成功而拖延 - 035
克服恐惧，拖延不攻自破 - 036
 第一步：识别焦虑的想法 - 038
 第二步：标记想法中被曲解的部分 - 041
 第三步：用更准确真实的想法替换曲解的想法 - 046
 第四步：发现恐惧的根源 - 049

第五步：不断练习直面恐惧　　- 052

第5章　克服因不自信导致的拖延　　- 055

低自我效能感和拖延的恶性循环　　- 056
提升自我效能感，打破恶性循环　　- 057
　第一步：识别消极想法　　- 058
　第二步：标记想法中被曲解的部分　　- 060
　第三步：用理性反应代替消极想法　　- 061
　第四步：进行实践　　- 062
　第五步：提高技能　　- 064

第6章　克服因完美主义导致的拖延　　- 069

追求完美必然会削弱动机并导致拖延　　- 070
克服完美主义，找回不拖延的动力　　- 072
　第一步：质疑完美主义信念　　- 072
　第二步：消除包含"应该"的表述　　- 075
　第三步：接受平均水平　　- 077
　第四步：忍受不确定　　- 079

第三部分　我怎样才能实现目标　- 083

第 7 章　关注当下　- 085

用正念应对焦虑和担忧　- 086

练习正念　- 087

　第一步：正念呼吸　- 088

　第二步：正念饮食　- 089

　第三步：专注于日常任务　- 091

　第四步：关注闪现的想法　- 093

　第五步：随时随地聚焦当下　- 094

应对正念中的困难　- 095

　正念花费太多时间　- 096

　我做得不对　- 096

　正念使我更焦虑　- 097

　我无法完成正念练习　- 097

第 8 章　向恐惧发起挑战　- 099

逃避会让事情变得更糟　- 099

通过直面恐惧与担忧来克服拖延　- 102

 第一步：评估面对恐惧的强度　- 102

 第二步：选择最有效的方法　- 104

 第三步：练习直面恐惧，直至习惯　- 105

怎样确保练习成功　- 106

第 9 章　设定有效的目标　- 109

好目标是改变的助推器　- 110

如何设定足够好的目标　- 110

 第一步：确定价值观　- 111

 第二步：设定目标　- 113

 第三步：找到达成目标的步骤　- 117

 第四步：预测可能出现的问题　- 118

 第五步：自我奖励　- 120

第 10 章　更有效地管理时间　- 123

时间管理不只是制定完美的日程表　- 123

如何有效地管理时间　- 124

第一步：意识到时间管理的必要性　- 124
第二步：分析你如何使用时间　- 129
第三步：考虑优先等级　- 130
第四步：更实际地计划你的每一天　- 133

第 11 章　改变你的关系　- 141

改变你与环境的关系　- 141
 什么在干扰你　- 142
 克服干扰　- 143

改变你与他人的互动方式　- 145
 有效地沟通　- 146
 如何进行有主见的沟通？　- 147
 解决纷争　- 151

改变你看待目标、进展与自己的方式　- 152
 过程比结果更重要　- 152
 奖励比惩罚更有效　- 153
 改变看待任务的方式　- 156

第四部分　如何保持积极的改变　- 159

第 12 章　获得支持　- 161

哪些支持有助于克服拖延　- 161
怎样获得这些支持　- 163
　　确定重要的支持者　- 163
　　进行有主见的沟通　- 166
　　向支持者公开目标　- 166

第 13 章　预防拖延卷土重来　- 169

拖延卷土重来的信号　- 169
如何防止拖延卷土重来　- 172
　　第一步：识别预警迹象　- 172
　　第二步：了解对你有用的方法　- 173
　　第三步：继续练习　- 175
　　第四步：重写人生规则手册　- 175

参考文献　- 179

致谢　- 184

第一部分
了解我的拖延

第1章
我们为何会拖延

任何人都会受到拖延的诱惑。事实上，在写下第一句话之前，我已经给绿植浇了水、查收了电子邮件，又在健身房完成了健身。每个人都有拖延的时候。当我们不知所措、害怕面对结果、对自己的能力不自信，或者更想去做其他事情时，就可能会推迟决定或搁置任务，但是，对许多人来说，拖延源于深层的焦虑、担忧与自我怀疑，逃避并推迟任务与决定可能让他们长期疲惫不堪。

事实上，很多人没有意识到焦虑是拖延的来源，尽管他们确实注意到由拖延导致的焦虑。我们使用焦虑型拖延者一词来形容那些由于担忧与焦虑而拖延或逃避任务（或决定）的人，他们的问题并不是偶尔因享受美好春日而推迟了打扫车库的计划，而是恐惧与自我怀疑使他们失去自信，推迟重要的决定，并导致焦虑不断升级，还可能会使他们无法实现目标，无法发掘自己真正的潜力。

本章概述了焦虑与拖延的关系。你将了解不同类型的拖延、导致拖延的诸多因素以及拖延产生的严重后果。你也会学习如何应对拖延，以及本书中的技巧能如何帮助你。

看看你是哪种拖延

许多人认为拖延是故意推迟需要做的事情。但是，这个温和的定义不能准确反映出与长期拖延作斗争的人们的痛苦，也没有描述拖延者体验到的焦虑、内疚和恐惧，以及这些糟糕感受之间的恶性循环："如果我做不好会怎么样？""如果其他人发现我的'真面目'该怎么办？""放弃尝试比失败更安全。""如果做得不对，那么，努力去做到底有什么意义？"这些是拖延者的典型想法，听起来熟悉吗？如果你在与拖延作斗争，就会知道这种焦虑、恐惧和自我怀疑多么让人无力。

行为拖延

当听到"拖延"这个词语的时候，许多人想到的是推迟完成家庭作业、例行工作或论文等活动，比如某个人通过看电视或者打盹儿来逃避需要完成的工作。这种推迟——推迟正在完成的任务——叫作行为拖延（McCown, Johnson, & Petzel, 1989）。当你不做家务或不还信用卡的时候，就是行为拖延。

决策拖延

这是另一种拖延，它也和焦虑、担忧有关联，虽然常常被忽视（Spada, Hiou, & Nikcevic, 2006）。当你不敢做出决策、推迟做出选择的时候，就出现了决策拖延（Effert & Ferrari, 1989）。犹豫买哪一款微波炉、纠结于将卧室墙面刷成绿色还是灰色，都是决策拖延的实例。

练习：行为拖延还是决策拖延？

看看你能否辨别拖延的类型：
不去健身，而是清洁地板。
担心选错车辆的后果。
浏览网页，以便给论文找到更好的题目。
支付账单之前，先收拾桌子。

你是如何选择的呢？如果你认为推迟健身和支付账单是行为拖延的表现，而推迟选择车辆和论文题目是决策拖延的表现，那么你答对了。就像多数人一样，你或许发现自己也在和这两种拖延进行斗争，在后续章节中，你会找到克服它们的策略。

现在，你会想到拖延任务或决定的时刻吗？把它们写在下面的空白处：

行为拖延   **决策拖延**
我最近推迟的任务   我最近推迟的决定

_____　　_____
_____　　_____
_____　　_____

如果留白不够让你写下所有被逃避的任务或决定，那么也无需紧张——毕竟，你才刚刚开始走上克服拖延的道路。这张清单与第2章中的测验，将帮助你理解拖延的原因并制定个人计划。

主动拖延

拖延是件好事吗？如果你已经拿起这本书，你的答案或许是"否"。你正在寻找改变行为的策略，这意味着拖延令你困扰。不过，一些研究者认为，并非所有的拖延都是不利的（Chu & Choi, 2005），他们区分出两类拖延者：被动拖延者与主动拖延者。焦虑型拖延者属于第一类——他们困囿于担忧与犹豫，尽管想要按时完成任务，但是无法做到。主动拖延者与被动拖延者截然不同，他们故意推迟行动，把注意力放在其他重要的任务上；他们可能喜欢在压力下工作，或者截止日期的临近让他们感到更有挑战性；他们更明确地利用时间，更有时间掌控感，更少出现逃避行为，压力水平更低，自我效能感更高（Chu & Choi, 2005）。

练习：你是主动拖延者，还是被动拖延者？

选出与你的情况相符的描述。

主动拖延者	被动拖延者
☐ 选择推迟任务	☐ 随着截止日期临近，越发怀疑自己的能力
☐ 按时完成任务	☐ 对拖延行为感到内疚
☐ 享受截止日期逼近带来的挑战	☐ 对最后期限感到压力
☐ 有时间掌控感	☐ 用逃避应对

如果你更认同对被动拖延者的描述，那么你一定很了解拖延在如何影响着你的生活，很熟悉那些错过的机会、糟糕的关系以及伴随拖延出

现的羞愧感。虽然拖延会妨碍工作表现（Sub & Prabha, 2003），导致个体的压力增大、身体不好（Sirois, Melia-Gordon, & Pychyl, 2003），出现财务问题，影响职业发展（Mehrabian, 2000），但当你拿起这本书时，你已经迈出重拾生活掌控感、改变行为并达成目标的第一步了。

拖延十有八九是因为焦虑

为了有效地使用本书，了解焦虑和担忧如何导致拖延以及拖延与焦虑升级之间的恶性循环是很重要的。许多研究探讨了焦虑与拖延之间的关联（Fritzsche, Young, & Hickson, 2003；Milgram & Toubiana, 1999），而且，焦虑升级似乎与决定类型、行为类型均有关联（Spada, Hiou, & Nikcevic, 2006）。事实上，与焦虑相关的因素与拖延不仅有关，而且经常被认为是拖延的来源（Brownlow & Resinger, 2000；Senecal, Lavoie, & Koestner, 1997）。

你能回忆起自己对某项任务或决定感到焦虑并选择推迟它的情景吗？当时发生了什么？你的焦虑被暂时缓解了吗？临近截止日期时情况是怎么样的呢？焦虑是上升了还是下降了呢？如果你像大多数焦虑型拖延者一样，那么，推迟可怕的任务或选择，在一开始时能让你从焦虑和担忧中暂时解脱，甚至说服自己相信，在拖延过程中所做的任何事情都比原来的任务更重要。然而，焦虑从未真的消失——你知道自己应该完成这项任务或做出决定。随着时间的推移和截止日期的临近，焦虑持续滋长，对评价的恐惧被放大，你开始怀疑最终结果会怎样，怀疑自己是否有充足的时间来完成这项任务（或许根本没有），尤其是在浪费了如此多时间的情况下。拖延带来的愧疚感以及对失败的严重恐惧影响了你的工作效率。最好的情形是这项工作终被完成，没有造成任何灾难性的后果，但是即便如此，你也感到筋疲力尽，认为自己很糟糕，并准备开启下一个相同的过程。

焦虑如何导致拖延

多数人都很清楚，一旦拖延开始出现，它就会一直持续下去。但是，你可能还想弄清楚："我最初的焦虑来自哪里？""我是怎样开始拖延的？"这是一个重要的问题，它的答案很复杂。事实上，每位读者会有不同的答案。拖延是由许多变量交互作用导致的，比如自我怀疑、对失败和成功的恐惧以及完美主义。下文简要介绍了这些关键的因素。

自我怀疑

当你认为自己有能力成功完成任务时，美好的事情就会发生；当你怀疑自己没有能力把事情做好时，猜猜看会发生什么？你会更容易拖延（Tan et al., 2008；Steel, 2007）。多项研究证实，自我效能感低，或者认为自己没有能力完成某项任务，与拖延相关（Bandura, 1997）。对于许多焦虑型拖延者来说，自我怀疑可能是拖延行为的根源。

> 詹妮是一个年轻聪明、前途光明的研究生。在距离获得生物学博士学位还有一年的时候，她发现自己似乎离完成论文的目标越来越远。从临近期限到错过期限，詹妮的焦虑程度急剧上升。她无法向教授解释为什么她写不完论文，尤其是在她的课内作业完成得很好的情况下。在心理咨询过程中，詹妮透露尽管她对自己的识记考试能力很有信心，但是，她极其怀疑自己能否高质量地完成原创性工作，她认为自己做不到。由于自我怀疑，她逃避需要创造力与原创思维的情况或任务（比如写论文）。

如果你像詹妮一样，发现在焦虑和拖延背后是自我怀疑在捣鬼，那么第5章中的练习可能将会对你特别有用。记住，虽然詹妮的自我怀疑存在于特定领域，但低自我效能感可以影响很多方面。

对失败的恐惧

长期以来，对失败的恐惧也被认为是拖延的罪魁祸首，研究证实了这种关联性（Onwuegbuzie & Collins, 2001）。担心工作的不良结果，是许多有能力、有前途的人的绊脚石。事实上，被寄予厚望的人更容易害怕失败，害怕因期望太高而达不到期望。

卡尔文大学一毕业，就得到多家公司的青睐。他极有魅力，聪明友善。当他得到一家知名国际公司的市场营销工作时，所有人（包括他自己在内）都对他的前途寄予厚望。他喜欢他的新老板，憧憬着美好的未来。然而，卡尔文很快发现自己在同事的关注下畏缩不前，花越来越多的时间独自待在办公室里。卡尔文担心自己会盲目提出意见或做出错误的回答，所以，他在会议上常常保持沉默，当讨论转向他不熟悉的领域时，他会很快转移话题。在临近第一次重要汇报的几天里，他发现自己踌躇不前，纠结于琐碎的细节，比如在幻灯片上找到合适的字体大小与颜色、反复练习开场白（而不是演讲的内容），或者通过睡觉和看电视来避免焦虑。卡尔文害怕老板对他失望，这种恐惧是毁灭性的。在汇报的前一天，他整晚失眠，担心被拆穿、被认为是徒有虚名，等到早晨，他打电话请病假以逃避自己的恐惧。

对卡尔文和其他焦虑型拖延者来说，对失败的恐惧可能是行为背后的驱动力。害怕辜负期望或者让自己或他人失望，可能会让你不停地想象生动的失败场景。在某些情况下，拖延实际上可能是使你免受这些恐惧的机制。毕竟，如果你把更多的时间放在准备上，结果肯定会更好，对吧？对一些人来说，与"全力以赴却达不到目标"相比，"敷衍了事导致失败"是更容易被接受的。如果你觉得对失败的恐惧加重了你的拖延，第4章将帮助你打破焦虑，朝着实现目标的方向迈进。

对成功的恐惧

有时导致拖延的不是对失败的恐惧,而是对成功的恐惧(Burka & Yuen, 2008)。拖延任务和故意失败可能是一种逃避关注或由成功带来更高期望的方式,也可能是自我破坏的一种形式——不相信自己能成功。有时,拖延和逃避可能是由人们对成功的定义和对自己或环境的看法之间的差异导致的。

> 约翰来自移民家庭,他是六个孩子中最小的一个。他们住在工薪阶层聚居区,其中多数家庭与约翰的家庭有相同的信仰。他的父母重视教育,哥哥姐姐都上了大学,而他显然是家里最有读书天赋的孩子。随着哥哥姐姐离家上大学,约翰的出色成绩导致他成为邻居欺负的对象,他们认为他对每个人来说都"过于优秀"了。虽然约翰一直为自己的成绩感到骄傲,但是,没有哥哥姐姐的支持,他开始不完成家庭作业、和朋友们在外闲逛、拖延学习、直到最后一刻才准备考试。他的成绩开始下滑,但约翰感到轻松。他认为成绩普通让自己更容易被同龄人接受。

对成功的恐惧有很多原因。你可以选择是否去发现拖延背后存在的这种担心,以及对你来说这些恐惧是什么。第4章将帮助你了解自己对成功的恐惧,并形成克服它的策略,这样你就不再需要拖延了。

完美主义

拖延与完美主义之间的关系非常复杂且不太明晰（Steel, 2007）。一些研究者发现担忧、完美主义与拖延彼此关联（Stöber & Joormann, 2001），也有研究认为某类完美主义事实上可能是有益的（Klibert, Langhinrichsen-Rohling, & Saito, 2005）。根据我们的经验，完美主义和拖延存在紧密联系：标准越高、越不真实，完成任务时的焦虑程度越高。虽然某种程度的完美主义可能是一件好事，但它很容易使你陷入严重的焦虑，制定不切实际的目标。对于大部分有拖延问题的来访者来说，完美主义显然起着消极的作用。

玛拉是个全职妈妈，住在美国中西部一个设施良好的郊区。她的孩子刚刚两岁，并且即将迎来另一个宝宝，亲朋好友都认为正是这种情况使她不能把该做的事做好。从高中时为论文找到完美措辞，到为她的婚礼挑选合适的鲜花，每个决定对她来说都是至关重要的——选择永无休止，"正确"的答案总是不清晰。以前，事情终会被完成，但是，自从她成为母亲之后，玛拉总感到自己被甩得越来越远。她对做事方式有严格的限定，而这些限定耗费了她大量的时间，却让她无法完成任务或做出决定。她想要为两岁的孩子选一款汽车座椅，于是花了数小时上网搜索产品评论、安全性能和论坛意见。针对每一款座椅，她都制作了一份电子表格，列出它们的优缺点，大量的信息与矛盾的观点让她茫然不知所措。这些座椅要么不够好，要么不够安全，要么没有合适的颜色，让她无法做出正确的选择。完美的选择困住了她，让她裹足不前。到了必须做选择的时刻，玛拉最终让步，让丈夫去买座椅。玛拉的标准过高，她对犯错误很敏感，因此，玛拉的花圃空荡荡，房子没有刷漆，婴儿房里没有家具。

就像玛拉的故事阐释的那样，完美主义严重遏制了人们的有效行动。如果你想避免错误、找到完美的选择，第6章能提供帮助，你将学习如何驳斥完美信念、接受生活中的不确定，以及容忍生活中固有的瑕疵——最终，你的拖延行为将会减少。

各种因素的共同作用

现在你已经知道哪些因素在焦虑型拖延中起着关键作用，这些因素彼此紧密关联：对失败的恐惧使人们产生完美主义信念（卡尔文对无法达到工作标准的焦虑，使他过度关注工作细节），完美主义导致自我怀疑（玛拉怀疑自己的选择，追求完美主义），自我怀疑显然助长了人们对失败的恐惧（詹妮对自身创造力的怀疑让她陷入对无法完成论文的担忧之中），这些变量彼此作用，最终导致焦虑型拖延。它们以特有的交互方式影响着每一个人，最终产生相同的结果——担忧、焦虑与逃避，它们妨碍了你的工作效率，使你无法达成目标。

下面的章节将帮助你发现这些因素在焦虑与拖延问题上所起的作用，了解评估拖延模式的工具、改变旧有观念的认知治疗策略，以及帮助你直面恐惧与有效管理时间的行为技术。不要跳过任何章节或练习，解决拖延问题不是一蹴而就的，如果按照目录顺序阅读章节、完成每项练习，你会发现这本书大有助益。现在，你已经了解了导致焦虑型拖延的因素，准备开始改变吧！开始朝着提高工作效率、增强自信与实现潜力的目标迈进吧！

本章要点

- 虽然每个人都有可能会拖延，但是对于很多人来说，拖延已经成为一种长期困扰他们的问题。
- "焦虑型拖延者"是指因焦虑与担忧而推迟任务或决定的人。
- 行为拖延是推迟任务，决策拖延是推迟选择。
- 在焦虑型拖延者身上，自我怀疑、对失败的恐惧与完美主义相互作用，妨碍了工作效率。
- 拖延对工作表现产生消极的影响，导致个体压力增大、身体衰弱、出现财务问题，影响职业发展。

第2章
如何找到自己拖延的真正原因

伊莎贝拉下周必须向董事会做一次重要报告,迫在眉睫的"死线"让她陷入了困境。她努力工作,竭力按时完成报告,但是,总有其他事情让她分心——打扫卫生、查看电子邮件、整理文档。她完成了所有事情,唯独没有完成报告。每当坐下来想要工作时,她就感到一阵恐慌,可怕的景象进入她的脑海。她想象到投影仪失灵、咖啡洒出来,或自己舌头打结口齿不清。不过,她更多想到的是董事会把她批得一无是处。她想象他们坐在会议桌旁,会议室里一片昏暗。他们非常严厉,令人胆怯。她看到自己站在他们面前,结结巴巴进行汇报,而他们交叉着双臂,摇头表示不赞成。更糟糕的是,伊莎贝拉想象在报告结束时,董事会主席说:"对不起,伊莎贝拉。报告不够好。你被解雇了。"

就像伊莎贝拉一样,杰克的最后期限也在一天天逼近。老板要求他在年检前提交一份关于工厂安全措施的报告。如果杰克在截止日期前不能完成报告,他的老板可能会被解雇。尽管面临这样的压力,杰克仍然拖延,想尽办法找借口逃避写报告。不过,与伊莎贝拉不同的是,杰克不惧怕失败,他害怕成功。当他坐下来工作时,他想写出一份出色的报告。他想象老板和其他同事都认为他的报告很精彩。不过,这种想法非但没有鼓舞他,却让他充满恐惧:如果报告给老板留下深刻的印象,他可能就会升职,得到新工作,承担新责任,他会面临更大的压力和更高的要求。杰克不确定他想升职,他对目前的工作十分满意。不过,他也很难拒绝多赚钱的机会。这是杰克不想面对的问题。因此,他没有着手准备报告,而是选择逃避。

亨利并没有紧急的事情,不过他有大量未完成的任务。例如,一个周末,亨利本打算粉刷浴室的墙壁、找一位新牙医以及买一台电视机。遗憾的是,他什么事情也没有做。等他回过神来,已经到了周日的晚上。他在想:"周末去哪了?"他决心下周末一定完成,于是,一周又一周过去了,这些事情始终被留在待办清单上。

妨碍亨利的是完美主义,他相信那句老话——"做事要选择正确的方法"。于是,他纠结于涂料的颜色,找不到"合适的"一款;他在网络上寻找牙医,向所有朋友咨询他们的牙医,但无法找到达到要求的那位——每种选择似乎都有缺点;他不断查找电视机型号,但没有下决心购买。

伊莎贝拉、杰克与亨利有一个共同点：他们拖延、推迟或避免完成对他们来说重要的任务。不过，他们拖延的原因各有不同：伊莎贝拉惧怕失败，杰克害怕成功，亨利的问题在于完美主义。人们为各种各样的事情担忧，进而导致拖延。了解拖延背后的原因是克服拖延的关键一步。

在这一章中，你将学习如何找到自己拖延的关键原因。首先，我们将回顾焦虑型拖延的常见动机，包括对失败的恐惧、对成功的恐惧与完美主义，我们还会介绍一些其他的原因。其次，你将完成一项简短的自评测验，逐一分析自己的思维模式，揭示哪些模式妨碍了你的表现。最后，在获得这些知识之后，你将了解克服焦虑、担忧与拖延的方法。

可能的原因

作为心理咨询师，我们遇到的一个最常见的问题是"我为什么会拖延？"我们认为，这个问题反映出了由拖延导致的挫折感。你知道自己需要做什么，但你不去做，或者等到最后一分钟才做。这种模式不断重复出现，让你陷入焦虑、担忧、压力与拖延的困境。

下面我们简要介绍拖延的原因，之后，通过完成自评测验，你会找到自己的问题源于何处。

对失败的恐惧：在努力后仍旧失败的想法让你感到焦虑。你选择逃避与拖延，而不是尝试与失败。你尤其害怕别人的反对，并且认为不管做什么，你都会失败。

对成功的恐惧：把事情做好的想法让你感到紧张与恐慌。你害怕别人给你更高的期待、赋予你更大的责任，还担心自己名不副实，这些恐惧导致你出现拖延。

自信心低：总体上你认为自己能力不足。你觉得自己不够好，不具备其他优秀者所拥有的特质。

自我效能感低：你感到自己无法应对任务中的某种挑战，认为自己缺乏基本的任务技能，经常想"这太难了，我做不到"。

完美主义：你认为应该把事情做得完美，你也认为其他人期待你把事情做得完美。因此，当面临一项任务时，你不知所措，容易因为不合理的标准受到挫折。

难以应对不确定性：你很难面对未知数，你认为在开始做一件事之前，就必须知道结果。不过，生活中的一切在某种程度上都是不确定的，所以，怀疑使你裹足不前，并用担忧与逃避应对不确定性。

难以下决定：你更重视收集信息，而不是做出决定。你必须解决一切可能导致错误的细节和问题。这类拖延与完美主义密切相关。

厌恶任务：你倾向于思考任务中让你感到厌恶的部分，而不是关注结果或者享受完成任务的乐趣，你只考虑到任务的挑战性。一旦你确信这项任务非常糟糕，你就会逃避。

拖延原因自测

在下面的自评测验中，我们列出最常见的拖延原因，来帮助你评估自己的倾向。

如果你对某个问题做出肯定的回答，在方框里打钩。

对失败的恐惧

☐ 面对任务时，你认为一切选择都是错的吗？

☐ 你会想象自己失败的情景，而不是成功的情景吗？

☐ 你试想过如果你失败了，生活中的重要他人会如何反应吗？

☐ 你习惯于责备自己没有时间或没有努力吗？

☐ 与"在全力以赴后仍然失败"相比，你更愿意接受"不去尝试"吗？

对成功的恐惧

☐ 你害怕成功带来的改变吗？

☐ 如果你成功了，新责任或高期待会让你感到窒息吗？

☐ 你担心成功会让你疏远朋友或家人吗？

☐ 你认为成功最终会让他人失望或沮丧吗？

☐ 你认为自己的成功会导致他人发现"真正的你"吗？

自信心低

☐ 你认为自己能力不足或较差吗？

☐ 你缺乏自信吗？

□ 当其他人要求你做某件事时,你的第一反应是"不"或者"我不行"吗?

□ 你往往顺从他人,如果可能的话,你会让他人完成任务吗?

□ 你拖延的部分原因是认为自己能力不足或者无法胜任吗?

自我效能感低

□ 面对任务时,你感到缺乏胜任力吗?

□ 你认为自己缺乏完成某项任务所需的基本能力吗?

□ 当面临挑战性任务时,你感到无望吗?

□ 你发现自己太容易放弃,感觉自己不能完成任务吗?

□ 你感到其他人比你做得更好吗?

完美主义

□ 你认为如果你打算做某件事,你应该做到完美吗?

□ 当事情不顺利时,你发现自己很难坚持吗?

□ 你认为别人期待你做得完美吗?

□ 与其做得不完美,你宁可不做吗?

□ 你发现在做某项任务时,你耗费很多时间,却进展缓慢吗?

难以应对不确定性

□ 不确定性让你难受吗?

□ 在开始项目或任务之前,你必须知道结果吗?

□ 面临不确定性时,你经常感到担忧并且反复思考吗?

□ 你宁愿接受坏结果,也不愿意面对不确定性吗?

□ 如果不知道结果如何,你就会推迟完成任务吗?

难以下决定

☐ 在做决定之前,你会搜集大量信息吗?

☐ 你认为"必须做出完美决定"的信念阻止你做出任何决定吗?

☐ 在做出错误决定和无法完成任务之间,你认为前者更严重吗?

☐ 你会在做选择时犹豫不决吗?

☐ 你宁愿拖着不做决定,也不愿意做出让自己后悔的决定吗?

厌恶任务

☐ 你会通过不完成任务来表达自己的厌恶吗?

☐ 如果某件事令人厌烦或不快,你是否难以坚持下去?

☐ 如果某件事令人不适,你认为就没有必要做它吗?

☐ 你有时会小题大做,一开始就觉得任务无聊透顶吗?

☐ 你发现在完成任务时,结果往往不像你想象得那样糟糕吗?

花点时间仔细分析你在测验中的选择,多数人的答案可能不仅限于一个领域。例如,你可能选择了难以应对不确定性、自我效能感低以及对成功的恐惧之下的一些选项,或者选择了对成功的恐惧以及对失败的恐惧之下的一些选项。选择两个或两个以上分类中的选项是很常见的,测验的目的在于让你开始发现一些常见的拖延原因。

现在,写下你选择最多的三个原因:

1.＿＿＿＿＿＿＿＿＿＿＿＿＿＿＿＿＿＿＿＿＿＿＿＿＿＿＿＿＿
2.＿＿＿＿＿＿＿＿＿＿＿＿＿＿＿＿＿＿＿＿＿＿＿＿＿＿＿＿＿
3.＿＿＿＿＿＿＿＿＿＿＿＿＿＿＿＿＿＿＿＿＿＿＿＿＿＿＿＿＿

思考一下你列出的三个原因，它们需要被投入更多的关注。我们强烈建议你能通读这本书，以掌握克服焦虑与拖延的所有技巧。不过，如果你存在特定的恐惧或担忧亟待克服，下面的表格能让你迅速找到对应的章节。

不同章节对应的内容

对失败的恐惧	第4章
对成功的恐惧	第4章
自信心低	第5章
自我效能感低	第5章
完美主义	第6章
难以应对不确定性	第6章
难以下决定	第6、8章
厌恶任务	第9、11章

本章要点

- 拖延的常见模式是对失败的恐惧、对成功的恐惧、自信心低、自我效能感低、完美主义、难以应对不确定性、难以下决定以及厌恶任务。
- 识别导致你拖延的典型原因是重建时间控制感的关键步骤。
- 一旦你发现了自己拖延的一些原因，就可以使用本书中的技巧克服拖延。

第3章
克服拖延要做哪些准备

克服拖延的关键之一是做出关于改变的承诺。不过，此时我们通常会感到矛盾。你可能一会儿想要改变，一会儿又不确定是否要改变。克服拖延是一项艰巨的任务，因此，你需要强烈的动机与坚定的决心，以在生活中做出改变。

这一章中的练习会帮助你坚定做出改变的决心。首先，你将了解拖延中的得与失；然后，你会发现拖延在生活中是如何引发问题的，确信打败拖延会让生活变得更好；最后，我们将请你做出关于改变的公开承诺。

你可能和多数人一样，并不是第一次想做出改变，我们几乎都曾试图以某种方式改变自己的某些方面，例如减肥、锻炼身体、多陪伴孩子、节约开支、戒烟等，试图做出积极改变是生活的一部分。遗憾的是，改变是困难的。如果曾在生活中试图做出改变，你就能证实这一点。例如，我们总会用一系列目标与计划开启新的一年，不过，多数情况是我们陷入旧习惯的泥沼，这些决定很快落空。

虽然面临的困难令人沮丧，但达成目标的关键因素是很明确的。正如本章开始提到的，成功克服拖延取决于两个关键因素：动机和承诺。

动机是指你认为做出改变对你最有利，它在做出改变的过程中起着重要的作用。但是，受到激励意味着什么？动机研究专家认为，那些受到激励做出改变的人们具有三种特质：他们认为改变是至关重要的，他们有信心做出改变，他们已经做好准备——现在是改变的时候了（Miller & Rollnick, 2002）。当你在做本章的练习时，要记住这三个要素。

承诺是达成目标的另一个关键因素，是指你愿意为达成自己的目标做出不懈的努力。做出挑战性的个人改变意味着你既会取得进步，也会遇到停滞。你会发现在克服拖延的过程中，改变像是在坐过山车一样：你会取得较大的进步与成功，之后又遇到挫折与失败，你或许感到失败——因为从未成功，所以只想放弃。你的承诺将使你洞察那些艰难的时刻，给你继续努力达成目标的力量。本书介绍的方法将会起到帮助，但是，你要通过不断的努力才能收获成果。

找到改变动机

形成动机的重要障碍之一是拖延能带来许多好处。我们通常认为拖延是消极的，而察觉不到这些好处，但它们削弱了做出改变的动机。这些好处包括：

- 你推迟讨厌的任务，而选择更有趣的任务。
- 你没有付出任何努力，问题最终得到解决。
- 你避免了失败或者成功。

- 你避免了在完成让你害怕的事情时会体验到的不适感。
- 你避免了在完成任务时会体验到的焦虑。
- 有人可能帮助你完成事情。
- 因为你做事拖拉,别人不会对你提出要求。

无论拖延对你来说有怎样的好处,当你改变拖延的习惯时,你会更清晰地认识到它们。当然,拖延也有坏处。但是,当你比较好处与坏处时,哪一边更占优势呢?拖延会带来更多的损失还是获益呢?为了形成真正的改变动机(让你通过努力达成目标所需的动机),你需要进行损失—获益分析,看看拖延是否弊大于利。

练习:损失—获益分析

通过下面的练习,你可以评估自己的拖延习惯。在左侧列出逃避厌恶任务的坏处,在右侧列出推迟任务的好处。这里分别留出五项条目,如有需要可以随意增加。

损失	获益
1._____	1._____
2._____	2._____
3._____	3._____
4._____	4._____
5._____	5._____

示例:希拉的损失—获益分析表

损失	获益
1.我不能按时完成工作。	1.我做了其他令人愉悦的事情。

2.我感到自己很糟糕。
3.我总得到糟糕的评价。
4.朋友和家人对我感到失望。
5.我的表现低于我的能力。

2.我不需要直面对失败的恐惧。
3.我感到我的时间属于自己。
4.我不需要付出那么多努力。
5.我避免了成功的压力。

仔细分析你列出的所有损失和获益，哪一边会赢？你的拖延是在帮助你，还是在妨碍你？

做好改变的准备

在评估了拖延的损失和获益后，如果你发现弊大于利，下一步就是确定你是否已经做好了改变的准备。"准备好了"意味着你认为现在正是克服拖延的最佳时机——你有强烈的改变动机，并且，现在就准备改变。

为了做好准备，你需要采取以下两步：发现克服拖延会带来的好处，以及设定切实有效的目标。

发现克服拖延的好处

就像人们开始锻炼是为了减肥、降低胆固醇以及过上高质量的生活一样，你也可以展望未来，想象如果克服了拖延，你的生活将会发生怎样的改变。在下面的记录表中列出这些好的改变。

克服拖延的好处

1. _____
2. _____
3. _____
4. _____
5. _____
6. _____
7. _____
8. _____
9. _____
10. _____

示例：克服拖延的好处

1. 我的工作将更有成效。
2. 我可能会升职。
3. 在小问题变成大麻烦之前，我会解决它们。
4. 当我认为自己更有能力时，我会对自己感觉更好。
5. 我不再因拖延感到自责。
6. 我将掌握一项珍贵的生活技能——完成讨厌的任务。
7. 别人会更加尊重我，把我看作是领导者。
8. 我会从艰苦工作和不懈努力中得到收获。
9. 我会避免由拖延带来的后果。
10. 我要直面恐惧，学会掌控它们。

设定切实有效的目标

即使这本书的目的是帮助你克服拖延，每位读者的目标也会稍有不同。或许你想在工作上更有成效；或许你是个学生，不想继续通宵熬夜；或许你想尽早完成家务，而不是总完不成或者最后一分钟才完成。与拖延斗争的人们通常很难设定有效的目标。你可以通过补全这句话来找到自己的总体目标："在读完这本书并完成练习之后，我知道我的生活将发生重要的改变，因为我……"在第9章中，你会学习如何逐步设定目标。

做出公开承诺

为了提升你的改变动机以及做出改变拖延的承诺，你需要阅读并思考下面的每一句话，看看它们是否符合你的情况。

- 拖延会妨碍我，而不是帮助我。
- 战胜拖延会给我带来显而易见的好处。
- 拖延对我的生活产生了不利的影响。
- 我想努力工作，使用书中的策略减少拖延。
- 我意识到克服拖延需要艰苦的努力，还会出现反复与倒退。

如果你对上述问题做出肯定的回答，那么你可以进行下一步。如果你对任何问题做出否定的回答，则需要回顾并重新进行评估。例如，拖延曾经让你错失良机吗？拖延让你付出了超出预期的代价吗？你愿意付出努力克服这些挫折吗？

现在，你已经了解拖延的好处与坏处，衡量了拖延带来的回报与损失，也看到了克服拖延的获益，并为自己设定了一个明确的、现实的总体目标。

如果你已经确认了现在是克服拖延的最佳时机，你愿意付出努力，那么，你需要完成形成动机的最后一步：做出正式的改变承诺。

练习：做出承诺；然后把它公开

既然你决定努力克服拖延，那么，你需要做出克服拖延的承诺。签订下面的承诺书，与亲近的人分享。向他解释你在做什么，你想实现怎样的目标。请他签名作证。

克服拖延的承诺书

我承诺我将竭力克服拖延。我知道达成这一目标需要耗费时间、付出努力，我将一直努力解决这个问题。我也知道改变是困难的，有时会感到受挫，甚至遇到阻碍。尽管如此，在仔细分析拖延对我生活造成的影响以及改变带来的好处之后，我决定掌控自己的时间，减少拖延对生活造成的破坏性影响。

签名：_____   时间：_____

见证人：_____ 时间：_____

本章要点

- 成功克服拖延主要取决于两个因素：动机以及努力克服拖延的承诺。
- 通过进行损失—获益分析，你将看到拖延带来的真正的损失和潜在的好处，并形成改变的动机。
- 通过识别克服拖延的好处、设定清晰可控的目标，确保自己已经做好了改变的准备。
- 在完成这些步骤后，签订克服拖延的承诺书，并与生活中的一位重要他人分享，从而最终确定你的承诺。

第二部分
我如何才能克服拖延

第4章
克服因恐惧失败或成功导致的拖延

"我是否能力不足?""我会辜负这些期待。""他们会失望吗?""他们看到'真正'的我了吗?""如果'真正'的我不够好呢?"每个星期日晚上,这些想法都伴随着对下周的期待,萦绕在玛吉的脑海之中。她彻夜失眠,想象一切事情变得糟糕,她让所有人感到失望:她准备不充分,搞砸了项目,在会上让老板难堪,或者漏掉了一部分重要调查。这种想象无休无止,让她感到恐慌。

和许多拖延者一样,对失败的恐惧可能让你整夜失眠,想象生动的失败情境。这种恐惧让人困窘,使你很难完成任何事情;拖延与逃避甚至让你无法达成目标,最终将对失败的恐惧变成现实。

周日晚上,韦恩整夜失眠、焦虑不安,但是,他的想法与玛吉稍有不同："老板让我升职，怎么办？""我无法承担额外的责任。""如果我成为'老板'，同事疏远我怎么办？""我不想成为众人瞩目的焦点。""他们发现我达不到他们的预期，怎么办？"就像玛吉一样，韦恩生动想象着糟糕的画面：他被工作压得喘不过气来，同事们在午餐时不搭理他，老板对他感到失望。

韦恩的想法表明，焦虑型拖延的根源也可以是对成功的恐惧。就像对失败的恐惧一样，对成功的焦虑也会妨碍你完成任务，降低你的工作效率。这种恐惧甚至让你故意出错，蓄意失败，只是为了避免成功。

在这一章中，你将了解关于失败和成功的那些令你害怕的想法和担忧如何导致焦虑与拖延，以及如何处理它们。

因恐惧失败而拖延

你也许很熟悉玛吉的恐惧。难道每个人不都会为失败感到焦虑吗？毕竟，在我们的社会中，很难看到哪个人真正不在乎输赢，几乎每个人都在某个时刻或某种程度上害怕失败。但是，当你用成就衡量个人价值的时候，严重的焦虑和拖延就开始出现了。

把成就视为自我价值的基础是常见的陷阱，大量关于"财富、美丽和聪明能带来快乐幸福"的信息裹挟着我们，在电视和电影中，聪明强势、穿着得体的人们轻而易举获得成功，拥有辉煌的人生，让人很容易忘记他们是按照剧本设定的虚构角色。而在现实中，生活更像是过山车，起伏跌宕、成败交织，任何一个失误或缺点都不会定义全部的自我。事实上，人类是拥有优点与缺点的复杂生物，任何人都不能被简单归类为是成功或失败的。

在你没有意识到的情况下，拖延可能成为你用来应对失败恐惧的策略，成为表现和能力之间的缓冲区。如果你没有竭尽全力，那么得到的结果并不能真正反映出实力，如果你付出更多努力，当然就有可能成功，对吗？拖延成为唾手可得的"替罪羊"，使焦虑型拖延者远离恐惧的侵扰。逃避使你从来不会去检验自己真正的实力，从而保护了你——你宁愿接受拖延导致的失败，也不愿接受自己竭尽全力却依然失败的可能性。在这一章中，你会了解到更多策略，帮助你识别并驳斥那些助长失败恐惧、妨碍工作表现的信念。这样，你就不再需要拖延了。

因恐惧成功而拖延

你或许认同韦恩的观点，认为表现出色令你感到紧张。与对失败的恐惧不同的是，许多焦虑型拖延者甚至意识不到对成功的恐惧推动着他们的行为。当前途光明时，他们会踌躇不前，低估自己的成绩，甚至让他人接手自己的工作。你可能像韦恩那样，害怕出色的表现让别人给你更高的期待和更大的责任，因他人消极（或积极）的反应感到难堪，或者觉得自己不配获得成功。这些可能性隐藏在你对成功的恐惧以及由此导致的拖延之下。

害怕成功最明显的原因是增加的压力以及随之而来的关注。如果你有一次出色的表现，人们就会期望你下一次也是如此。你也许不想承担责任带来的额外压力，或者担心自己无法满足别人的期待——如果这一次只是因为运气好呢？对于一些拖延者来说，自己好像一定会让别人失望——成功甚至也终究是让人失望的途径。

或者，你可能认为成功会让你与朋友或家人变得疏远——"如果我过于成功，人们将不喜欢我""他们会认为我傲慢激进""我的成功意味着别人的失败"。这些不合理信念让一些拖延者害怕成功，使他们故意搞砸事情或者推迟完成任务。为了维持平衡和谐，他们努力融入群体。成功变成一件令人难堪的事，自我表现意味着自私、贪婪以及争强好胜。人们宁愿接受拖延导致的失败，也不愿意失去友谊或者被认为是异类。

一些拖延者认为他们不配获得成功，这与他们对自己的看法不相符。成功的观念令他们感到陌生，他们无法想象自己能获得成功。如果你有类似的想法，第5章将帮助你克服那些导致拖延的自尊或自信问题。

在许多方面，对成功的恐惧与对失败的恐惧是极其相似的。两者可能都源于潜藏的不安全感和自我怀疑，都会引发强烈的焦虑，最终都会使人们把拖延当作是应对策略，阻碍你发挥真正的潜力。

克服恐惧，拖延不攻自破

为了战胜拖延，首先要认识到恐惧的想法会对拖延的感受和行为产生强烈的影响。你或许注意到，当感到焦虑时，就像玛吉或韦恩那样，你的脑海里充满了消极可怕的想法与画面。为了应对，你拖延任务或决定，把注意力放在其他事情上。这种想法、感觉与行动之间的关系正是认知行为疗法的基础。认知行为疗法的基本观点虽然简单，但是很有效——你的想法影响你的情绪，因此，通过改变想法，就能改变感受（Beck et al., 1979）。数十年的研究表明，认知行为疗法是减轻焦虑的有效方法。在这一章中，你将发现、评估以及反驳这些使你害怕失败、引发焦虑以及导致拖延的想法。

练习：想象一颗柠檬

> 通过完成下面的练习，你可以发现想法会对感觉与行为产生怎样的影响：闭上眼睛，想象把一颗鲜黄色的柠檬切成两半，放在干净的白盘子里。你看到柠檬汁在盘子里流淌，闻到新鲜的柑橘味。现在想象一下你拿起半颗柠檬，轻轻挤压，然后咬一口。你尝到了柠檬汁，体会它在舌头上的感受。现在，留意一下你的身体发生了什么变化。你是否正在分泌唾液？这是身体对生动的想象（一个想法）产生的反应，就像是想象的事情真的发生了一样。事实上，这种情况经常出现。

正如这项练习展示的那样，想法对感受产生强烈的影响，它不仅能使你空空的嘴里充满唾液，也能在不必要的情况下让你感到非常紧张与焦虑。换句话说，当你想象一场灾难（比如考试不及格、进行工作汇报或者让你尊敬的人感到失望）时，你会感到焦虑。这些想法与画面让你的肌肉紧绷、心跳加速、手心出汗，让你做出逃避或拖延的行为。如果直到现在，拖延一直是你选择的应对策略，这是可以理解的——它在某种程度上奏效。推迟一项可怕的任务或选择，可能暂时缓解你的焦虑，有时，不采取行动甚至会让问题自动被解决。然而，任务或问题通常一直存在，随着时间的流逝和截止日期的临近，你的焦虑会逐渐加重。

下面，你将学到应对恐惧思维与焦虑的策略，它们会帮助你提高工作效率。改变对失败或成功的恐惧以及控制焦虑型拖延一般有五个步骤，它们是：

1. 识别焦虑的想法；
2. 标记想法中被曲解的部分；
3. 用更准确真实的想法替换曲解的想法；
4. 发现恐惧的根源；
5. 不断练习直面恐惧。

第一步：识别焦虑的想法

在学会应对导致拖延的恐惧之前，你必须在感到沮丧或焦虑时识别出消极的想法。或许你害怕自己搞砸了项目，或许你担心在生活中做出错误的决策，或许你认为成功带来了压力与责任。你可以借助这个机会了解让自己焦虑的想法是什么，以及它们如何导致了你的逃避与拖延行为。

回想过去的一周里，一个让你感到焦虑的情境。它可能出现在工作单位、学校、家庭或者任何地方。问问自己，当时你在想什么？脑海里出现了怎样的想法？有哪些画面？

复印下面的表格，这样你能多次使用。之后，通过填写这个表格，能让你总体上了解那些诱发消极思维的情境。留意你的感受，把它与你的消极想法联系起来。现在不用考虑后三列内容。

想法记录表

情境	感受	焦虑的想法	认知曲解	技术	理性应对反应

如果你无论如何都难以回想起自己所处的情境，那么，你可以通过下面的练习帮助自己进行回忆。

练习：想象失败或成功

> 从这一章或前几章里关于恐惧失败或成功的例子中，选择你最有共鸣的一个，闭上双眼，想象你是其中的主人公，你有怎样的感受？你的脑海中浮现出怎样的想法？在想法记录表中记录这些想法。
>
> 以玛吉的想法记录表为例，她在当地的一家电台担任制片助理。她的老板非常苛刻，经常要求玛吉提出创新的想法或完成复杂的要求。玛吉害怕自己的老板，每天害怕上班，提心吊胆地工作。

玛吉的想法记录表：第一步

情境	感受	焦虑的想法
在月度例会上，台长透露要削减预算，还说她会与每个人单独面谈，探讨如何提升电台的实力。她还让全体员工参加每周的头脑风暴会议。	焦虑	我想不到任何有用的信息。 我应该提出更好的观点。 如果在一起的时间更久，他们都会发现我的能力不足。 如果我被开除，该怎么办？我会崩溃的。 我宁愿被开除，也不愿意让同事们认为我很糟糕。

正如你看到的那样，领导更高的期待和需要更多团队协作的要求引发了玛吉对失败的恐惧。玛吉的想法都集中在认为自己能力不足、害怕达不到领导的要求以及使他人感到失望上。她甚至认为与失败相比，自己宁愿被开除。你能发现，正是这样的想法导致她做出逃避或拖延行为吗？

练习：记录你的想法

> 下一周，每当你感到焦虑或者发现自己出现拖延的时候，使用想法记录表记录下情境、你体验到的感受以及产生的想法。尽可能详细一些，努力准确记下那些活跃的念头（或者如果这样的事情曾经出现过，你当时有怎样的想法与感受）。

第二步：标记想法中被曲解的部分

现在你已经识别出令你感到焦虑的想法，下面仔细分析一下它们。当你感到焦虑或沮丧的时候，你的想法往往被曲解了，也就是说，它在某种程度上是不现实的或者不合逻辑的。

下面，我们列出一些最常见的思维曲解形式，同时针对每种形式给出相应的示例。根据这份清单对照你的想法，它们听上去熟悉吗？

全或无思维：全或无思维也叫黑白思维，是指用两极化的分类看待世界。例如，你可能把工作描述为"极好的"或"可怕的"、"完美的"或"糟糕的"。以这种方式观察世界，让你忽视了灰色地带和生活中的微妙之处，经历被归为非此即彼的某一类。全或无思维的例子包括：

- 我搞砸了这次演讲。
- 我完全不值得信任。
- 这个错误毁了一切。

过度概括：当你出现过度概括的认知曲解时，你会基于一些经验对整体做出推论，也就是"一刀切"。过度概括的一个特征是你的想法中出现"总是"或"从不"等词语。以下是过度概括的一些示例：

- 我总是把事情搞砸。
- 我从未按时完成过任务。
- 我的生活一团糟。

预言：伴随着拖延，你甚至在开始之前就已经感受到了失败。当你用预言曲解自己的想法时，你忽略了准确预测未来是多么困难的事情，却确信下一步将发生什么。下面是预言的一些示例：

- 这个会议将毫无意义。
- 我会被开除。
- 我无法完成该做的事情。

读心术：正如你想的那样，读心术经常伴随着对失败或成功的恐惧而出现。顾名思义，读心术是指猜测他人的想法——主要是猜测他们对你的消极看法，且这种猜测通常缺乏依据。下面列出读心术的一些示例：

- 我的同事们嫉妒我。
- 每个人都知道我有多么无能。
- 他们看穿了我的想法。

灾难化思维：当你出现灾难化思维时，即使是小失误也会被认为是可怕、糟糕的以及无法忍受的。事实上，这些词语正是在搜集灾难化思维时需要留意的关键词。如果你在面对小困难时，发现自己的脑海中出现"可怕的""糟糕的""严重的"等词语，你就有可能正陷于灾难化思维中。灾难化思维的示例包括：

- 如果失去工作，我的生活就全毁了。
- 如果其他人注意到我的手正在发抖，那就太糟糕了。
- 如果做出错误的选择，我将永远活在悔恨之中。

包含"应该"的表述：包含"应该"的表述严格地规定了你和世界"应该"是怎样的。这些表述让你感到压力、急迫以及紧张。如果你为自己设定了"应该"要怎样的标准，你将会体验到内疚感，并且认为自己能力不足。"应该"不可能被实现，因此，它们总让你感到挫败。包含"应该"的表述包括：

- 我应该保持房间的整洁。
- 我的成绩应该是全优。
- 我应该总能知道正确的答案。

忽视积极因素：如果害怕失败，你往往很难认可自己所做的积极的事情；如果害怕成功，你就很难想象成功具有积极的一面。忽视积极因素，意味着你只能看到自身或情境中的消极因素，而不重视好的事情。以下是忽视积极因素的一些示例：

- 我不值得表扬——只是运气好而已。
- 我的主意好坏无关紧要，错别字搞砸了一切。
- 老板认可我的工作，怎么办？这会显得我的同事很糟糕。

"如果"思维："如果"思维指用未来发生坏事的想法吓唬自己，是拖延者最常出现的曲解之一。如果你害怕失败或成功，这类曲解可能是一个重要的原因。它包括：

- 如果我忘记了台词，怎么办？
- 如果我错过了一项重要的研究，怎么办？
- 如果我不能承受压力，怎么办？

心理过滤：心理过滤是指选择情境中消极的部分，并沉浸其中。事实上，任何情况都是积极与消极的综合体。只关注消极部分，会增加你的焦虑，损害你可能得到的快乐或成就感。以下是心理过滤的一些示例：

- 我真不敢相信我居然把那个词念错了。
- 在我介绍产品时，听众总是看手机，我肯定讲得很无聊。
- 衬衫上的污渍让我看起来一点儿都不专业。

低估自身的应对能力：低估自身的应对能力，是指你告诉自己无法应对那些困难、挑战或阻碍，无法面对失败或者达不到成功的要求，这是人们低估自身应对能力的常见方式。这类想法的一些示例是：

- 我无法承担。
- 我受不了。
- 我不善于应对挑战。

现在你已经了解了不同的认知曲解类型，你的消极想法与其中的哪些相符？从你的想法记录表中选择一种想法，然后查找认知曲解清单。需要注意的是，一种想法可以包括许多不同类型的曲解。

认知曲解清单

☐ 1.全或无思维：把经验分成极端的、黑或白的两种类型；只用好/坏或者完美/失败的两种分类看待事物。

☐ 2.过度概括：基于一些事件，做出更广泛的普遍性推论；会经常使用"总是"或者"从不"的词语。

☐ 3.预言：预测未来将会发生可怕的事情。

☐ 4.读心术：在没有证据的情况下，自认为了解别人对你的看法——通常认为这些看法是消极的。

☐ 5.灾难化思维：认为自己出现的小失误是可怕的、糟糕的或严重的。

☐ 6.包含"应该"的表述：把"事情应该怎样以及不应该怎样"的绝对化规则应用到自己与他人身上。

☐ 7.忽视积极因素：认为自己或他人所做的好事微不足道。

☐ 8."如果"思维：用"如果"的想法假设未来会发生糟糕的事情。

☐ 9.心理过滤：只关注情境中的一些消极信息，让这种视角影响了整件事情。

☐ 10.低估自身的应对能力：告诉自己无法应对困难或问题。

以玛吉填写的想法记录表为例。

玛吉的想法记录表：第二步

情境	感受	焦虑的想法	认知曲解
在月度例会上，台长透露要削减预算，还说她会与每个人单独面谈，探讨如何提升电台的实力。她还让全体员工参加每周的头脑风暴会议。	焦虑	我想不到任何有用的信息。	预言 全或无思维
		我应该提出更好的观点。	包含"应该"的表述 忽视积极因素
		如果在一起的时间更久，他们都会发现我的能力不足。	读心术 全或无思维
		如果我被开除，该怎么办？我会崩溃。	"如果"思维 灾难化思维 低估应对能力
		我宁愿被开除，也不愿意让同事们认为我很糟糕。	读心术 低估应对能力

通过玛吉的记录表，你会发现她的每一种想法不止包括一种曲解，她的"偏好"是读心术、全或无思维以及低估应对能力。

你可以重复这项练习，直到能顺利地在想法中辨识出认知曲解的形式。如果某种曲解符合你的情况，在它旁边打钩。当你继续改变恐惧的想法时，要特别留意它们。

第三步：用更准确真实的想法替换曲解的想法

现在你已经能识别出那些关于失败或成功的恐惧想法，了解了常见的认知曲解类型，就可以开始学习一些改变思维的方法了。下面列出的技术是理性思考与审视恐惧的关键策略。

核查证据：当我们有消极想法时，我们经常不加批判地视之为真理，认为让自己恐惧的评价是正确的，甚至不会怀疑它。质疑消极想法的方式之一是仔细核查支持性证据和否定性证据。通过提出下列问题，你就可以做到这一点：

- 支持消极想法的证据是什么？
- 反对消极想法的证据是什么？
- 哪一方的证据更有说服力？
- 现在我应该做什么？

制定备选方案：当你感到焦虑时，你就陷入了最坏的心态之中。例如，同事对你微笑，你或许认为"他知道我还没做好准备"；朋友沉默寡言，你告诉自己"我无所不知，她对此反感"。一种有效的解决方式是制定备选方案，为此，你可以提出下列有关消极想法的问题：

- 最坏的情况是什么？
- 最好的情况是什么？
- 最可能发生的情况是什么？
- 至少还存在哪三种可能性？

去灾难化思维：当你感到焦虑时，你的脑海里充斥着灾难化的思维与画面："我会被开除，永远找不到工作。""如果搞砸这件事，我就完了。""没有人尊重我。"解决灾难化思维的方法是让自己回答一系列有关"去灾难化"思维的问题：

- 可能发生的最坏情况是什么？
- 发生最坏情况的可能性有多大？
- 如果最坏的情况出现，我该如何应对？
- 我曾经出现的灾难化思维都是正确的吗？

替换可怕的想象：当你感到焦虑时，对未来的可怕想象涌入脑海。例如，如果你担心即将进行的汇报，你会想象自己在凌晨四点钟疯狂尝试从死机的电脑中恢复演示文稿，你或许看到自己在进入会议室之前一直冒汗、结结巴巴。

当你考虑未来时，你想到的是一些还没有发生的事情。不过，事情的结果往往与我们的预测大相径庭。当你的脑海中出现可怕的情境时，请记住：你还有其他选择，你不必把精力花在这些想法上。想象最糟的未来情境，只能让你的当下变得更糟。相反，如果想象愉快高兴的情境会怎么样？你看到自己在人群中冷静回答问题；想象同事为你的精彩汇报而鼓掌，老板走过来和你握手，称赞你的工作出色。下一次，当你发现自己的脑海中充满消极的画面时，试图用更积极的画面替换它们。

> 让我们分析一下玛吉是如何使用这些策略转变想法、改变感受、恢复工作效率的。

玛吉的想法记录表：第二步

情境	感受	焦虑的想法	认知曲解	技术	理性应对反应
在月度例会上，会长透露要削减预算，还说她会与每个人单独面谈，探讨如何提升电话合的实力。她还让全体员工参加每周的头脑风暴会议。	焦虑	我想不到任何有用的信息。	预言，全或无思维	核查证据	我不太确定。有时，我会提出一些有用的建议。
		我应该提出更好的观点。	包含"应该"的表述，忽视积极因素	核查证据	我的想法有时会被采纳，虽然我提供的建议数量比别人少，但是，我提供的有效建议比别人多。
		如果在一起的时间更久，他们都会发现我的能力不足。	读心术，全或无思维	制定备选方案	更可能出现的情况是，他们对我的看法不会发生什么改变（无论看法是好是坏）。
		如果我被开除，该怎么办？我会崩溃。	"如果"思维，灾难化思维，低估应对能力	去灾难化思维	这不太可能，但是，如果它确实发生了，我的生活也不会崩塌。我会找到新工作。
		我宁愿被开除，也不愿意让同事们认为我很糟糕。	读心术，低估应对能力	替换可怕的想象	我并不知道别人是否觉得我是个失败者。我能处理焦虑，而不是逃避焦虑。

> 玛吉使用了各种技术来克服自己的消极想法。现在轮到你了，从想法记录表中的情境开始，使用清单中的技术减少消极思维，形成理性的应对反应。你可能会发现，对于某些想法或情境来说，一些策略更有效。努力去尝试所有策略，然后找到最适合的那些。

第四步：发现恐惧的根源

在学会如何驳斥引发拖延的焦虑想法后，你可以进一步分析那些情境为什么困扰着你。大多数人从未思考过自己为什么如此害怕失败。失败是糟糕的，这似乎是普遍存在的事实，但许多成功人士对此提出异议。阿尔伯特·爱因斯坦说过："从未犯错的人也是从未尝试过新事物的人。"亚伯拉罕·林肯也说过："成功就是不断遭遇失败，却从未丧失热情。"类似的名言数不胜数，你可以轻松找到大量有关失败重要性的论述。那么，既然失败是学习与成功的关键组成部分，它又为什么难以被接受呢？答案在于你对失败的看法，即失败对你来说意味着什么。完成下面的小练习，找到恐惧失败（或成功）的核心原因。

练习：失败意味着什么？

> 从想法记录表中选择一种能反映你对失败（或者成功）的恐惧的想法，把它写在下面的空白处。
> **想法：**＿＿＿＿＿＿＿＿＿＿＿＿＿＿＿＿＿＿＿＿＿＿
> 问问自己下面的问题，把答案写在空白处。
> 1. 如果这种想法成真了，它为什么会影响我？
> ＿＿＿＿＿＿＿＿＿＿＿＿＿＿＿＿＿＿＿＿＿＿＿＿＿＿＿

2.好的,那对我来说意味着什么?
_____

3.如果那是正确的,它意味着什么?
_____

4.为什么如此糟糕?
_____

多做几次这个练习,你可以使用下面的问题来找到答案,了解自己为什么认为失败是灾难性的。恐惧的想法是焦虑背后的驱动力,所以,需要分析这些想法对你来说意味着什么,这在彻底克服恐惧和拖延的过程中是至关重要的。

找到恐惧的根源
1.如果这种想法成真了,它为什么会影响我?
2.好的,那对我来说意味着什么?
3.如果那是正确的,它意味着什么?
4.为什么如此糟糕?
5.之后会发生什么?
6.为什么这很重要?
7.将会发生什么改变?
如果你不知道如何做,参考一下玛吉和韦恩的练习。

玛吉的练习

想法:我想不到任何有用的信息。
如果这种想法成真了,它为什么会影响我?所有人都会认为我没有尽职尽责。
好的,那对我来说意味着什么?我很另类。
如果正是如此,又意味着什么?我在哪里都格格不入。
为什么如此糟糕?没有人喜欢我。

韦恩的练习

想法:我可能会升职。

> 如果这种想法成真了，它为什么会影响我？<u>我可能无法承担新职位的责任。</u>
> 好的，那对我来说意味着什么？<u>我不如他们认为的那样优秀。</u>
> 如果正是如此，又意味着什么？<u>我会尽我所能，努力工作。</u>
> 为什么如此糟糕？<u>它意味着我达不到我期望的程度。</u>

焦虑的想法往往有更深层的含义：玛吉认为工作失败反映的是她没有价值，得不到别人的喜欢；韦恩认为他的成功最终会导致他即使发挥了全部潜力，也仍然达不到自己的预期。下面列出了拖延者持有的关于自己与世界的常见信念，你认可这些说法吗？你有不同的想法吗？如果有，你可以在下面的空白处写下它们。

恐惧成功或失败背后的常见信念

- 获得他人的赞扬，才能让我认可自己的价值。
- 我做的事情反映出我的重要性。
- 人们从未接纳我本来的样子。
- 我需要做得更好，才值得被爱。
- 只有成功的人才会得到尊重。
- 爱必须靠努力来赢得。
- 只有成功地做好所有事，我才是个有价值的人。
- 我应该取悦别人，不辜负他们的期望。
- _____
- _____

一旦你找到恐惧背后的信念,也就做好了挑战它们的准备。使用第三步中的策略反驳这些信念,形成更健康的自我态度。这样做,你将打破恐惧的禁锢,不断提升自己的工作效率。

第五步:不断练习直面恐惧

战胜那些引起焦虑与拖延的恐惧想法,会让你走入生活的正轨;不过,为了真正克服对成功与失败的恐惧,你仍然需要把这些改变纳入真实的生活之中。克服恐惧最有效的方法之一是面对恐惧。虽然听起来简单,但要面对害怕的事情其实并不容易,它让人恐慌。因此,在你通过直面恐惧来克服它之前,了解直面恐惧为什么有效以及如何起效很重要。

回想一下你第一次戴手表的情景。在一段时间里,你一直能意识到自己戴着手表的事实,甚至会调整表带或把它摘下来。不断地调整与接触手表加深了你对它的意识。但是,一旦你在一段时间内不管它,你的身体就会开始习惯,你会渐渐意识不到它在那里。相同的习惯化过程对焦虑也同样适用。大量研究表明,持续重复地处于某种想法或情境之下,会使焦虑逐渐减弱(Foa & Kozak, 1986)。这一过程被称为习惯化,它是我们的身体因长期重复接触某一事物而感到习惯的自然反应。

例如,玛吉害怕在会议上发言,是因为她担心自己的想法会让别人认为她能力不足。然而,老板提出了新要求,为了保住工作,玛吉现在必须发言。她为自己设定目标,在每次会议上至少提出一个意见或建议,然后努力去做。她确信每次会议都将会很糟糕,但是,她决心坚持下去。然后,意想不到的事情发生了——玛吉表达得越多,她就越自在。她忠于自己的目标，发现焦虑每天都在减弱。她开始不再担心自己会被认为是失败者。她没有逃避恐惧，因此，焦虑逐渐减弱（或习惯化）。

练习：面对自己的恐惧

每天选择一项练习来面对恐惧。你可以使用列表中的想法或提出自己的想法，从小事开始，逐渐过渡到更多引发焦虑的情境。反复练习，直到它们不再让你感到过度焦虑。通过练习面对这些小"失败"或小"成功"，你将战胜更严重的恐惧！

练习面对失败
- 在谈话中有意使用错误的词语。
- 在咖啡厅或餐厅里掉落东西，制造出噪声。
- 在下午时，对某人说早上好。
- 交给收银员的钱数不对或"忘带"钱包。
- 向他人问路，但其实你所在的地方正是目的地。
- 端水时手抖。
- 故意弄错赴约的时间。
- 当着别人的面，以错误的方式进门（门上写着"拉开"，你却推门）。
- 在商店里找顾客咨询，就好像他是店员一样。
- 在与他人交谈时，出现发音错误。
- _____
- _____

练习面对成功
- 在会议上，给出一个你知道是正确的答案。

- 向朋友或同事随意说出一些琐事。
- 主动在工作中领导一个项目。
- 在一群同事面前做一个报告。
- 与朋友或家人分享你的成功。
- 不加推辞地对他人的赞美道谢。
- _____
- _____

现在你应该能意识到自己对失败与成功的恐惧，识别、对抗随之而来的焦虑想法，并了解这些想法对你来说意味着什么。花一点时间进行练习，直面那些让你恐惧的情境。在之后的章节中，你将学习更多克服拖延的策略。

本章要点

- 对失败或成功的恐惧经常引发拖延，有关"成功或失败意味着什么"的信念会导致担忧、焦虑以及拖延。
- 想法对心境起着关键作用。通过改变思维，你就能改变自己的感受。
- 找到思维中被曲解的认知，能帮你找到面对恐惧时更理性的反应。
- 练习直面成功与失败能帮助你有效战胜更严重的恐惧。

第5章
克服因不自信导致的拖延

那是艾丽莎上大学的第一天。她走进教室,教室里嘈杂而又拥挤。环顾四周,她看到几个空座位,就选了一个走过去,坐下来,把背包放在旁边,拿出笔记本和一支笔,紧张地向邻座的同学微笑。同桌也以微笑回应,并对她说:"我听说这门课很难,教授要求苛刻。"艾丽莎忐忑不安,手心出汗,感到非常难受。她焦急地等待着,盯着教授桌子上的一叠讲义。当他开始分发讲义的时候,艾丽莎的脑海中冒出许多想法:"我希望不要写论文。我很讨厌写论文。我写不了。我写得很糟糕。我的这门课可能不及格,我第一个学期就会有不及格的课。"旁边的同学传给艾丽莎一份讲义,她迅速翻看,找到作业计划。当她看到期末作业——一篇二十页的研究论文时,她的心都沉了下来,她内心充满了焦虑、恐慌与畏惧。

当艾丽莎面对一项任务（在这个例子中是期末论文）时，她的脑海中出现了各种各样质疑自己能力的想法。并不是只有艾丽莎会这样：当面对一项任务或挑战时，我们对自己是否有能力完成任务、达成预期结果的信念就会被激活。这些信念反映了我们的自我效能感。如果你正努力克服拖延，就需要注意自我效能感与拖延倾向之间存在的关联（Tan et al., 2008; Steel, 2007）。

这一章的主要内容是自我怀疑——怀疑自己在某一情境下做出改变的能力，怀疑自己自如应对他人评价的能力。你可以用认知记录表找到并质疑那些破坏自我效能感的消极信念，并通过认知行为练习来更准确地认识自己的能力。

低自我效能感和拖延的恶性循环

"自我效能感"是指你相信自己有能力完成某项具体的任务或在特定的情境中取得成功（Bandura, 1997）。当面对一项任务时（无论是做工作汇报、学校作业或者修理家中的水龙头），我们会立刻审视任务，评估自己的能力，权衡两者的差距，最终产生对这项任务的自我效能感。如果觉得能力等于或大于挑战难度，我们就认为自己能胜任，或者说自我效能感高；如果我们认为自己的能力与任务之间存在差距（能力不足），那么就是自我效能感低。

自我效能感在很大程度上决定着我们是采取行动，还是拖延时间。如果我们自认为能胜任某项任务，或者对某项任务拥有较高的自我效能感,那么我们往往会迫不及待地向前推进;如果我们自认为能力达不到要求,则往往会逃避挑战。例如,想象一下你通过不懈努力与实践,掌握了高超的烹饪技能,但你从未学过声乐。在聚会上,主人正在厨房里准备一些小吃,需要帮忙,而客厅里有卡拉OK。你会去哪里?如果你像多数人一样,由于对厨艺的自我效能感更高,你会去厨房。

你可能注意到,我们讨论的是你对自己完成任务能力的信念。这些信念(而不是能力本身)对拖延起作用,并使相应的预言成真。正如亨利·福特所说:"不论你认为自己行还是不行,你都是对的。"我们对自己能力的信念经常被曲解,许多拖延者的表现非常出色,却认为自己能力不足。这些消极信念会破坏自我效能感,导致出现拖延。反过来,拖延也会降低自我效能感。逃避任务或者把任务推迟到最后一分钟,会让你相信自己缺乏必要的技能。

拖延也会对自信心或总体能力认知产生负面的影响。拥有健康自我效能感的人更自信,产生更准确的自我认知。通过不断完成任务,他们形成牢固的意识——"是的,我能完成它"。如果我们的自我效能感低、行为拖延,就会出现可怕的循环——我们认为自己不擅长某件事,因此,我们会逃避它,这让我们无法反驳这种信念并培养相应的技能。在这一过程中,我们的自信心也会遭到摧毁。

提升自我效能感,打破恶性循环

在理解了自我效能感和拖延的关系之后,我们可以通过一些方法来提升效能感。下面介绍的一项"五步"计划将帮助你增强对任务的胜任力。这项五步计划包括：

1. 识别消极想法；
2. 标记想法中被曲解的部分；
3. 用理性反应代替消极想法；
4. 进行实践；
5. 提高技能。

第一步：识别消极想法

要想提升自信、减少拖延，首先要做的是识别那些破坏自信的想法。这些想法为什么如此重要？有两方面的原因。一是它们对你的感受产生严重的影响。还记得本章开始提到的大学生艾丽莎吗？当她要完成一篇具有挑战性的论文时，她的脑海里充斥着质疑个人能力的消极想法——"我是一个拙劣的写作者""我根本无法完成论文"，这些想法让艾丽莎感到焦虑与挫败。

二是它们对你将要做的事情产生巨大的影响。再回想一下艾丽莎的处境。你觉得带着那些消极的想法，她在当时的情境下可能选择怎么做？不出意外的话，她会拖拖拉拉或者干脆逃避，她甚至可能退课，选择那些不用交论文的课程。不过，由于许多课程都要交论文，她很难找到足够多的"心仪"课程，最终只能以退学告终，无法实现获得大学学位的梦想。

在任何情况下，人们都倾向于思考、感受然后行动。这三个因素

（你的所想、所感、所做）是理解自身行为的途径，想法、情绪和行为之间的关系对自我效能感和自我认知至关重要。提高自我效能感的关键是改变思维方式，你会因此感到更有动力，更能高效地行动。现在，让我们专注于识别消极想法。

在完成下面的练习之前，请你回想一下最近遇到的一项任务，在还没有开始着手完成它时，你就感到了挫败。你当时面临的情境与任务是什么？你有怎样的感受？你的脑海里出现了怎样的想法？在记录表上写下诱因（一项看似艰巨的任务）、你的想法以及你的感受。无需考虑其他三项内容。以艾丽莎的想法记录表为例。

想法记录表

情境	感受	焦虑的想法	认知曲解	技术	理性应对反应

艾丽莎的想法记录表：第一步

情境	感受	焦虑的想法
一份20页的论文	焦虑 抑郁	我论文写得很糟糕。 我不会写作。 我是个糟糕的作者。 大学第一学期，我可能会被迫退学。

第二步：标记想法中被曲解的部分

在第4章中，你已经学习到认知曲解的类型。如果一个想法是错误的、有问题的或者不理智的，那么，它被认为是曲解的。如果我们对自己能力的认识经常是被曲解的，就会导致严苛的自我评价与焦虑型拖延。与低自我效能感相关的最常见的认知曲解包括：

全或无思维：用两极化的视角看待世界，把任务分成"能做"与"不能做"两类，而忽视了灰色的地带。

过度概括：基于一些事件，做出更广泛的普遍性推论。例如，某一次开会迟到，或许会让你想"我总是迟到"。

预言：做出对未来的预测，且预测通常是消极的。比如，你认为自己完不成任务、你不会做好、他人对你感到失望。

忽视积极因素：认为事情中好的一面微不足道。例如，杰西在得到项目经理的积极反馈时认为任何人都能完成这项任务。

心理过滤：只关注情境中的一些消极信息，并沉浸其中。例如，难以完成工作中的某个部分让你认为你的表现整体都是"失败"的。

我们在第4章中介绍了十种认知曲解类型，除了这些最常见的，你可能会在自己的消极想法中找到其他类型。

接下来，分析一下你在想法记录表中列出的消极想法。首先，回顾认知曲解清单；然后，在想法记录表上列出你发现的曲解类型。

艾丽莎的想法记录表：第二步

情境	感受	焦虑的想法	认知曲解
一份20页的论文	焦虑 抑郁	我论文写得很糟糕。	全或无思维 忽视积极因素 心理过滤
		我不会写作。	全或无思维
		我是个糟糕的作者。	全或无思维 忽视积极因素 心理过滤
		大学第一学期，我可能会被迫退学。	预言

第三步：用理性反应代替消极想法

现在，你已经识别出那些导致逃避与拖延的消极想法，也就为下一个关键的步骤做好了准备。记住，你的想法、感受与行为之间存在直接联系。通过改变看待自己的方式，调整关于挑战性情境的看法，你将变得更加自信，更可能完成当前的任务。

在第4章中，你学到一些质疑消极想法的技术，包括：

- 核查证据
- 制定备选方案
- 去灾难化思维
- 替换可怕的想象

回到你的想法记录表，从第一步中选择一个消极的想法。你已经发现了这个想法中的认知曲解，准备好把它替换成更现实、更理性的反应。

使用上面列出的技术，从全新的角度看待自己的能力与面临的挑战。把它们写在"理性应对反应"一栏中。

艾丽莎的想法记录表：第三步

情境	感受	焦虑的想法	认知曲解	技术	理性应对反应
一份20页的论文	焦虑抑郁	我论文写得很糟糕。	全或无思维忽视积极因素心理过滤	核查证据	我发现写论文是一项挑战，但是，当我完成论文时，论文的质量一般都不错。
		我不会写作。	全或无思维	制定备选方案	我会写作。
		我是个糟糕的作者。	全或无思维忽视积极因素心理过滤	核查证据	以前的论文都得到了很高的分数。
		大学第一学期，我可能会被迫退学。	预言	去灾难化思维	只有不交作业，我才会被劝退。

第四步：进行实践

当我们对自己完成任务的能力产生一个积极或消极的想法时，我们往往不假思索地视之为真理。例如，艾丽莎认为她的想法是正确的，认为她就是写得很糟糕。这是因为，我们的想法是自我证实的预言：我们毫不迟疑地告诉自己"我不行"，这经常会导致逃避行为；逃避行为又证实并加强了"我真的不行"的看法。打破自我防御的消极想法的方法之一是通过实践检验它们。

拉尔斯25岁，是一名研究生。他拖着不想复习。考试时间是下午六点，在当天下午三点，他突然给教务办公室打电话："我将放弃期中考试，退掉这门课程。如果我参加考试，我一定会不及格。我学得不够好。"拉尔斯把他的想法"我一定会不及格"当作是事实，他下意识的反应是恐慌，并计划放弃考试。不过，在得到鼓励之后，他认为自己的想法是一种假设，尽管恐惧，他还是决定做出实践，同意参加考试。当拿到成绩单时，他惊讶地发现自己得了B+。通过坚持考试，他能检验自己的消极想法，而不是假设它是个事实。他获得了高分，避免了放弃这门课程。作为奖励，他的自我效能感也提升了。

练习：进行实践

下一次当你面临任务，并出现大量促使你逃避或拖延的消极想法时，可以选择试着完成这项任务，对你的想法进行实践，看看它们是真实的，还是被曲解的消极思维。就像拉尔斯一样，你或许会感到惊讶，原来你的成绩比想象得更好。

第五步：提高技能

第四步帮助你对自己的能力产生更准确的认识，提升自我效能感，减轻拖延的倾向。回顾实践的结果时，你将发现你的一些想法是正确的，而另一些想法是错误的。这样，你会对自己产生更综合、更清晰的认识。

多数时候，我们对自身完成任务能力的看法是被曲解的、错误的。我们太过严苛、消极地评价自己，坚信自己不够好，认为自己的能力不足，以致产生担忧、逃避以及拖延。不过，有时我们的能力的确达不到要求，并因此出现拖延。在这两种情况下，你需要把注意力放在培养所需的技能上。有了新技能，你会更加冷静与自信，更有动力把事情做好。

> 首先，花一点时间确定你的优势领域，列出你的五个长处。
> 我擅长的事情：
>
> - _____
> - _____
> - _____
> - _____
> - _____
>
> 问问自己，在这些任务上，你的拖延严重吗？你很可能会迫切地完成它们。
>
> 接下来，列出你认为自己不擅长，但实际做得很好的领域。尽管你

的技能足以胜任，但在这些领域往往拖延高发。识别这些领域可能有点挑战性。为了弄清它们，回想一下那些虽然你认为不行，却很好地完成任务的时刻；或者考虑一下其他人的看法——是不是在一些任务中，虽然你不够自信，但是得到了别人积极的反馈呢？

我误认为自己做不好的事情：

- _____
- _____
- _____
- _____
- _____

看一看上面的清单。你对这些领域有怎样的想法？反思是否曲解了自己的能力有助于我们识别并挑战对自身能力的消极想法。使用你所学的策略来识别各种类型的认知曲解，并且，以更现实的观点取代那些负面解释。

像所有人一样，你也可能有一些需要提升的技能。现在，思考一下那些你可以改进的任务。它们可能是你没有接触过的事物、没有机会练习的事物或者不太了解的事物。

我不擅长的事情：

- _____
- _____
- _____
- _____
- _____

选择其中的一件事情，并用1—10之间的数字给自己在这方面的能力进行打分，其中1代表着"最不专业"，10代表着"最专业"。你现在认为自己在这件事情上的专业度如何？因为这是你不那么擅长的领域，所以这个数字可能很低。思考一下，想想你该如何改进。你可以列出一些方法，比如上课、请家教或者阅读指导手册。在下面的横线上写出你的想法。

我能提升的地方：

- _____
- _____
- _____
- _____
- _____

一旦确定了提高某个领域技能的方法，你就可以开始行动了。采取必要的措施，促进技能的提升。为了评价进展，你可以定期使用1—10分的量表进行评定，直到评分至少达到7分。把劣势变成优势，你将发现自己不会再在这一领域陷入拖延。

吉姆使用这一策略得到很大的收获。他的目标是克服对公开演讲的恐惧。吉姆一直忍受着这种恐惧，直到47岁时开始寻求改变。他记得最近一次公开演讲是在八年级时，之后，每次需要演讲，吉姆都会寻找借口拒绝，或者变得非常焦虑，一直推迟，最后以请病假而告终。总之，30多年来，吉姆一直害怕并逃避公开演讲。正如你想象的那样，除了恐惧之外，由于没有公开演讲的经验，他非常不擅长演讲。在寻求改变的过程中，吉姆通过头脑风暴找到许多提升技能的方法。他经常练习公开演讲，比如向别人介绍自己、在女儿的学校里自愿领导某个委员会、加入当地的国际演讲组织。随着技能提升与焦虑感减弱，吉姆在当众演讲时越来越自信。他的自我效能感提升，逃避公开演讲的次数也减少了。他的老板也注意到他的进步，吉姆因此获得了渴望已久的晋升机会。

像吉姆一样，提高技能的最好方法之一就是练习不擅长的东西。记住，自我效能感往往使我们处于自动反应的状态，让我们完成那些擅长的任务，并鼓励我们逃避那些困难的任务。通过有意识地提升技能，你将进一步增强自我效能感，减少拖延。

现在你了解了自我效能感的概念以及它在拖延中所起的作用，实践了提升自我效能感的五步方案，识别出那些削弱自我效能感的消极想法，并学习挑战它们的具体方法。你还学习了如何检验消极看法，探索提升自身技能的途径。带着新自信，你可以开始准备进一步打败拖延——承认完美主义、设定可达到的目标、发展更好的时间管理技能。

本章要点

- 自我效能感反映出你对自身实现目标或完成任务的能力的认识。如果你认为自己的技能满足任务要求，就拥有适当或较高的自我效能感；如果你认为自己达不到要求，就拥有低效能感。

- 研究表明低自我效能感与拖延之间存在关联。如果我们认为自己不能完成某件事情，我们就会拖延或者逃避。
- 五步方案（识别消极想法、标记想法中被曲解的部分、用理性反应代替消极想法、进行实践以及提高技能）能帮助你提升自我效能感，减轻拖延的倾向。

第6章
克服因完美主义导致的拖延

对于许多拖延者来说，完美主义是逃避与拖延的主要原因，尽管他们很少意识到这一点。许多人感受到混乱和沮丧，好像自己从来没有把事情做好过，他们从不会认为自己是完美主义者，不过，讽刺的是，他们被自己持有的高标准和不可能的目标束缚住。你可能在想：我为什么要阅读这一章？我又不是完美主义者，我从来没有做过完美的事！尽管如此，请继续读下去，你可能惊讶地发现，完美主义对拖延，甚至是对你的拖延，产生了如此大的影响。

约翰经营着一家小公司。他聪明和善，深受客户的喜爱。他轻松地征服了市场，并游刃有余地管理着他的客户。表面上看，一切尽在掌控之中，但是，约翰的办公室揭露了真实的情况：尚未完成的方案、成堆的未付账单、各种励志书籍，以及客户想知道项目何时完成的大量来信。约翰把这些"失败"归咎于他的动机、职业道德和能力，他发誓要树立更高的标准，更加努力地工作，克服自己的拖延。但是，事实上，正是高标准让他一开始就出现拖延。约翰是一个完美主义者。他花了大量时间修改与重写已经被接受的方案，试图让它们变得完美，但却从未完成它们。他读了大量有关企业运营的书籍，不过，由于找不到完美的建议，他从未付诸实践。

如果你问约翰，他会说他需要变得更完美，而不是更不完美。但是，约翰为达到不可能的标准而做出无效的努力，实际上他的工作效率降低，压力增大，最终失败。在这一章中，你将学到更多关于完美主义的知识，了解它如何导致拖延，以及追求"平均水平"实际上可以提高你的表现。

追求完美必然会削弱动机并导致拖延

提到完美主义者时，多数人想到的是费利克斯·昂格尔（Felix Unger）或玛莎·斯图尔特（Martha Stewart）那样的人，他们穿着整齐熨帖的裤子，吃着美食，讨厌沾染尘土的事物或环境。但是，要成为完美主义者，你只需要把完美看作是目标——不一定要实现它。你的房间可能混乱不堪，因为除非你找到"合适的"收纳方式，否则，你不会收拾；或者除非你找到可能需要的每张收据，否则，你不会申报纳税。完美主义者追求完美，认为任何有缺憾的事情都不可以被接受；不过，他们的希望往往会落空。事实上，追求完美很少能带来成功，它会导致个体感到更多压力、更高焦虑（Stoeber, Feast, & Hayward, 2009），并使工作表现变差（Sub & Prabha, 2003）——拖延事情、堆积文件、不能做决定。努力实现不可能的目标以及回答无法回答的问题，使人们感受到窒息的压力；追求完美的结果必然会削弱动机，导致什么事情都完不成。

在接下来的部分，你将学习如何识别完美主义，开始接受生活中固有的不完美和不确定。因此，当拖延的冲动消失时，你会感到更放松、更切合实际、更有效率。

你仍然无法确定自己是不是完美主义者吗？尽可能真实地回答下列问题。

是	否	问题
□	□	你的标准通常会压垮你，而不是激励你吗？
□	□	你对自己的期望比别人对你的期望更高吗？
□	□	你发现你完成任务所花的时间比别人更长吗？
□	□	你会把事情推迟到"恰当"的时刻吗？
□	□	错误让你感到极度苦恼，并且你把它们视为失败吗？
□	□	你用来做计划的时间比用来实施计划的时间更多吗？
□	□	你觉得你做的所有事情都还不够好吗？
□	□	即便时间或资源有限，你也很难调整自己的标准吗？
□	□	你做事是出于责任感，而不是出于享受或满足吗？
□	□	当你面对困难的任务时，你往往会先做一些无关紧要的工作吗？
□	□	当问题没有正确的答案或结果不确定时，你会感到焦虑吗？
□	□	当面临决定时，你是否发现自己在各种选择上纠结？

如果你对以上问题都回答"是",你可能是个不折不扣的完美主义者;如果你对多数问题回答"是",你或许已经知道完美主义影响着你的工作效率。在这两种情况下,你会发现本章中的这些步骤非常有效。它们是:

1. 质疑完美主义信念;
2. 消除包含"应该"的表述;
3. 接受平均水平;
4. 忍受不确定。

克服完美主义,找回不拖延的动力

第一步:质疑完美主义信念

正如你从前两章中了解到的,信念对感受产生深远的影响。完美主义者通常从小就知道做到"最好"是至关重要的,而且,每个问题都有"正确的"答案。他们认为,为了得到爱或者接纳,他们必须是特别的或者完美的。对他们来说,某项任务的失败意味着对他们本人的否定,第二名与最后一名是一样的。如果你认同这些信念,现在你要诚实地问自己,这样的想法是激励你变得更好,还是加剧了你的忧虑、压力与焦虑,从而导致相反的结果——拖延。

菲尔在一个强调学业成绩与体育运动的家庭中长大。尽管他的成绩很好，但是，当朋友外出社交时，他经常在埋头写家庭作业；尽管他是篮球队的明星球员，但是，看台上观战的父亲经常对他怒吼。成年后的菲尔仍无法摆脱这种体验：他感到自己所做的一切都不够好，任何不完美的事情都无法被接受。虽然他从法学院毕业，在一家中型事务所工作，但是，由于他不是最棒的律师，他觉得自己很失败。如果受到质疑，他坚称除非自己达到卓越，否则所有努力都不值得一提。菲尔希望他的案情摘要是完美的，他的论据是严密的。他会花几个小时找相关研究佐证某个观点，结果总是推迟工作，很少能完成项目。他经常找不到正确的论述方向，最终无法完成工作。

回顾第4章中的认知曲解清单，看看你能从菲尔的想法中识别出哪种曲解类型。

想法	曲解
不够完美，就是失败。	_____
只达到平均水平，真是太糟糕了。	_____
工作上的一个小差错，意味着整个工作没有意义。	_____

你会发现菲尔有全或无思维、灾难化思维以及心理过滤，这是完美主义者常见的认知曲解。他可以使用核查证据、制定备选方案、使用去灾难化思维或者替换可怕的想象等策略，质疑自己的认知曲解。下面观察一下菲尔的想法记录表。

菲尔的想法记录表

情境	感受	焦虑的想法	认知曲解	技术	理性应对反应
为一个重大案件准备案件摘要	焦虑	不够完美，就是失败。	全或无思维	核查证据	虽然很多人不一定达到我所谓的卓越，但他们仍然可能是重要的，并做出很多贡献。
		只达到平均水平，真是太糟糕了。	灾难化思维 心理过滤	去灾难化思维 制定备选方案	也许我能妥善应对。很多普通的朋友和同事都很开心。
		工作上的一个小差错，就意味着整个工作没有意义。			在这样大的项目中，确实会经常出现错误，但是，整个项目是有价值的。

练习：质疑完美主义信念

通过了解菲尔如何识别并质疑认知曲解，形成更有效的应对反应，你可以借助下面的想法记录表质疑自己的完美主义思维。

情境	感受	焦虑的想法	认知曲解	技术	理性应对反应

> 你能发现自己思维中那些被完美主义曲解的想法吗？你能更全面地看待这些不切实际的标准吗？你觉得哪一项技术更有用？每当你发现自己在焦虑或拖延的时候，可以使用这些技术。

第二步：消除包含"应该"的表述

你或许记得第4章认知曲解清单中的包含"应该"的表述，它指的是有关事物"应该"怎样的严苛规则。关于自己的这种表述会让你感到内疚、羞愧或者能力不足；针对他人的则一般导致愤怒或失望。"应该"是难以实现的，往往是不可能实现的，因此，持有这些期待会让你感觉失败。

你可能想知道为什么在第一步中没有提及包含"应该"的表述——毕竟它也属于认知曲解。原因是：包含"应该"的表述对完美主义者来说十分重要，以致我们认为应该单独列出来，甚至或许值得用一本书来探讨它！如果你听到完美主义者的话，你会发现一连串的"应该"：

- 我应该从不犯错。
- 在任何事情上，我都应该有最佳的表现。
- 我应该知道答案。
- 我应该能轻而易举地做好事情。
- 我应该是完美的朋友/伴侣/员工。
- 我应该总是风趣迷人的。
- 我应该总能按时完成任务。

- 我应该从不需要帮助。
- 我不应该向别人流露我的脆弱。

你的想法中有这些信念吗？你觉得它们对你的表现和工作效率产生了怎样的影响？如果你认为它们使你追求卓越，那么停下来，仔细思考一下，然后再问问自己。你很难达到"应该"的标准，因此，这种表述总会带来挫败、失望与内疚的感受。谁能完成他们"应该"做的所有事情？谁有权决定哪些是必须做到的事情？我想多数人都赞成我们应该呼吸、应该给孩子提供衣服与食物、不应该故意伤害他人，不过，除此之外，绝大多数事情都是相当主观的，把任务变成"应该"是不合适的；但是，当我们告诉自己"应该"做些什么时，我们的表现就好像那是不折不扣的事实。

练习：解决你的"应该"

这一步的目标是将你的"应该"清单简化为只包含最基础的任务与行为。接下来，试着从你的字典里去掉"应该"这个词。如果你发现自己正在使用它，请尝试用下列的表述进行替换：

- 我可能从……中获益
- 我更愿意……
- 我的优势是……
- 我想……
- 如果……我会感觉更好
- 我希望……

- 如果……就太好了

  要做到这一点,你需要大量的练习;包含"应该"的表述是根深蒂固的,所以,你要坚持练习。如果担心"不用'应该'表述鞭策自己,我的表现将变得更糟糕",你可以进行为期一周的尝试。我们的预测是"没有罪恶感、挫败感和怨恨,你可以从容地完成事情,因为你想完成,而不是因为你'应该'做"。我们相信你的工作效率会大幅提升,而不是降低。你"应该"试试看!

第三步:接受平均水平

作为一个完美主义者,你在成长过程中可能认为"平均水平"是糟糕的,是应该主动避免的。你可能从父母或老师那里、从电视上或者从个人经历中学到,错误是可耻与尴尬的,"最好"是唯一可接受的结果。无论你的完美主义信念是如何形成的,如果仔细观察,很容易发现这一思路的缺陷。首先,根据定义,任何事物都有第一。因此,对于"只要不是最出色的那个,其他人无论多么优秀或聪明都是失败者"的这种看法,如果你不觉得它有什么问题,想想副总统或奥运会银牌获得者——他们可能有话要说!世界上有很多事情是由第二名、第五名以及第二百名完成的。

更重要的是,这种观点没有用。它会给你带来无穷的压力,让你对失败过于敏感,因此,你避免冒险,因此也没有任何收获——没有达到预期的结果。你可以通过拖延来保持完美记录的假象,保护你不犯错误,因为犯错误会暴露你是个普通人;不过,拖延也会束缚你,让你无法进行学习、获得成长或取得成功。

那么要怎样才好呢？通过接纳我们多数人所处的平均水平，让自己表现出色，享受降低标准带来的自由。允许自己冒险，允许自己犯错。下一次，当你发现自己在寻找正确答案或完美策略，并因此而拖延时，争取达到平均水平就可以了。

练习：接受平均水平

> 选择一项正在逼近而你一直逃避的任务或决定，不要试图完成得有多么出色或者考虑每个可能的角度，试着让它变得"可以接受"。如果这项任务是清理衣柜，那么，不要想着扔掉所有不合身的裤子——扔掉大部分就可以了；如果这项任务是进行工作汇报，那么，不需要面面俱到，只需抓住大部分要点；如果这项任务是决定购买哪种微波炉，那么，根据已知的品牌进行选择。以"比上不足，比下有余"为目标，看看会发生什么！

怎么样？你有没有按捺住"要做到尽善尽美"的冲动？事情做得不完美或者迅速决策会让你感到不适吗？若是如此，不要担心，通过练习，你会越来越轻松。如果你认为"我可不想通过让自己平庸来变得舒服！"或是"我不想做无知的决定"，那么问问自己，在进行练习之前，你已经把这项任务或决定推迟了多久，现在它被完成了吗？只有你能决定在"完成得较好"与"完美但从未完成"之间，哪一个更好。如果你认可前者，当你发现自己被完美主义妨碍的时候，或者正在拖延的时候，请使用练习中的策略。

第四步：忍受不确定

不确定是什么？不确定是指当某件事情的结果不明朗时的状态。事实上，这包含了生活中的任何事情，即你每天面对的一切都是不确定的。从"闹钟准时响起"到"当脑袋枕到鹅绒枕头上，引起罕见致命的过敏反应"，我们永远无法确定每一天会发生什么。不确定只是生活的一部分。

不过，作为一个完美主义者，你可能拼命地想要把握对生活的控制感，或者至少幻想一切尽在掌控之中。很多人讨厌不确定，但是，完美主义者更难接受它的必然性。你可能觉得自己必须知道结果会是怎样，但你无法做到，因为没有人拥有水晶球。你的想法会失败吗？当然。你会让别人失望吗？会的。你会后悔客厅墙壁的颜色选择吗？可能。因此，不如用拖延避免面对未知的现实。因为你从来没有提出过想法，所以，你永远不会知道想法是否失败。逃避风险为你提供了确定性，你不必担心事情的结果如何，而如果你拖延，也就知道了结果——不会太好。

令人惊讶的是，一些完美主义者宁愿接受已知的消极结果，也不愿接受不确定性。这正是拖延的用处所在。当你没有足够的时间做好工作时，结果一定会令人失望——但是，这将是可预期的失望。在某种程度上，你更容易应对可预期的失败，而不愿为不确定的结果付出艰苦努力。这样，你可以用"失败的结果不是能力的真实反映"来安慰自己，告诉自己如果时间充裕，你可以做得更好。虽然这些旧策略让人感到舒适，但是，你需要停止拖延，从容地应对每天遇到的不确定性将减少你对拖延的需要。

练习：忍受不确定

> 下一次当你发现自己正在拖延或担心某项任务、决定或事件的不确定结果时，请抑制住拖延的冲动，接受真实的情况——你真的无法确定将会出现怎样的结果。接受生活中固有的不确定，将消除你对拖延的需要，让自己的表现更出色。练习以下表述，学会适应生活带来的意外：
> - 我无法知道确切的结果。
> - 它或许如此，或许不是如此。
> - 我无法预测未来。
> - 如果有事发生，我将应对它们。
> - 冒险是生活的一部分——没有冒险，就没有收获。
> - 无论哪种情况，我都不能确定。
> - 一切皆有可能。

现在你应该知道自己是否存在完美主义信念，并开始质疑这种信念，坦然接受不完美与不确定。如果你还没有摆脱包含"应该"的表述，或仍然对保持在平均水平不太适应，花一两个星期进行练习。然后，使用这些能力以及即将介绍的策略继续克服拖延。

本章要点

- 拖延者很少意识到自己是完美主义者,但是,拖延的背后往往隐藏着不切实际的过高目标与严格标准。
- 质疑完美主义信念、摆脱包含"应该"的表述是减轻压力与提升工作效率的途径。
- 完美主义者很难接受只达到平均水平,但做出较少的尝试实际上就能让你得到更多的收获。
- 不确定是生活的一部分,接受它是一项技能;当形成这项技能时,你就能接受冒险,更少发生拖延。

第三部分
我怎样才能实现目标

第7章
关注当下

　　米莉茫然地盯着她的办公桌,她的目光似乎集中在眼前的项目上,但思绪已然飘远。她的脑海里充满了各种画面:会议室里满是客户,老板不赞同地摇摇头,同事们尴尬地看向别处。当这一幕在米莉的脑海中闪现时,她的手心开始出汗,心跳加速。她看着办公桌上的一摞文件,甚至不知道该如何开始。她的脑海里充斥着失败、失望和羞耻的念头。她呆坐的时间越长,就越焦虑;她的焦虑越严重,这些糟糕的画面与想法就越生动。最后,她再也无法忍受。尽管截止日期迫在眉睫,她还是把椅子向后一推,抓起外套,离开了办公室。

　　如你所知,焦虑引发了一系列的恶性循环,而我们的想法在其中起着关键的作用,决定了焦虑是占主导还是被战胜。对于拖延者来说,关注过去窘迫的失败经历或担心未来的混乱场景都会使焦虑不断升级,最终妨碍工作效率。在这一章中,你将学习如何使用"正念"的方法来避免焦虑升级,打破导致你出现逃避与拖延的恐惧。

用正念应对焦虑和担忧

正念是指停留在当下——有目的地关注此时此刻,而不加评判(Kabat-Zinn, 1990)。正念的第一个目标是学习如何关注此时此刻,而不是让思绪迷失在过去或未来之中。当发现自己的想法飘忽不定时,你要把注意力带回到当下,当下才是唯一真正重要的时刻。通过一些练习,正念可以帮助你更清楚地意识到此时此刻的想法、情绪与身体感受。正念的第二个目标是允许这些体验自然发生,而不评判它们,不试图摆脱它们,也不要陷入焦虑、内疚、担忧以及悔恨之中。

近期研究发现正念练习对减少焦虑(Kim et al., 2009; Evans et al., 2008)、担忧与压力(Craigie et al., 2008)非常有效。如果关注当下,你就不太会为过去感到焦虑,为未来感到担忧,并因此引发拖延。聚焦于此时此刻、不加评判的正念觉察还会激发同情心和自我接纳——这与焦虑型拖延者通常所持的态度截然不同。

在前几章中,我们已经介绍了认知曲解的特点以及它如何引发焦虑。焦虑的想法导致焦虑的情绪,而焦虑情绪进一步带来更多的焦虑想法,形成恶性循环。你越逃避这些想法,结果陷得越深,只能踟蹰不前。正念并不意味着摒弃焦虑的想法和感受,而要改变对这些想法和情绪的体验方式,意识到它们是暂时存在的,终将过去,不需要做出回应。这样,你就可以停止焦虑的循环,不再出现逃避与拖延行为。学会让想法自然出现,而不做出评判与回应,这会削弱它们的影响力,让你更加关注此时此刻。

正念练习可以在任何地方进行，但刚开始你可能会发现，一个安静舒适的练习场所更能帮助你把注意力放在任务上，同样，设定一个不会被打扰的、固定的练习时间，也会提高你成功的概率。你可能需要多次尝试，才能找到最适合的场地与时间，所以，如果在刚开始时感觉不对，不要过于担心。

例如，米莉认为客厅里她喜欢的椅子是最佳的练习场所。房间舒适、阳光明媚，由于她独自居住，所以，房间里很安静。米莉习惯于早起，就选择早晨作为练习的时间。她觉得早晨的第一件事就是练习正念，会帮助她进入不太焦虑的心境，愉快地开始新的一天。她设置了每天晨练的目标（但她意识到这个目标不太现实），每周给自己两次"通融机会"，以便在需要时使用。想一想你认为最有效的方式，并在下列空格上记录练习的时间与地点。

我练习正念的地点：_____

我练习正念的时间：_____

练习正念

选择好地点和时间后，你可以通过下列步骤开始练习。步骤如下：

1. 正念呼吸；

2. 正念饮食；

3. 专注于日常任务；

4.关注闪现的想法；

5.随时随地聚焦当下。

第一步：正念呼吸

呼吸觉察是一种简单常见的正念练习。呼吸关乎生命，但我们几乎意识不到它。正念呼吸练习让你专注于此时此刻；当你注意到自己分心的时候，它能让你重新聚焦。正念呼吸让你的想法和情绪来去自由，无需评判或者深陷其中。通过练习，你最终将能够随时随地进行正念呼吸，但是，一开始你会发现在特定的时间与场地更容易完成练习。

练习：正念呼吸

1.关掉电视和手机，尽量减少分心的机会。告诉别人至少在20分钟内不要打扰你。然后，在选定的场地找一个舒适的位置坐下来。双脚放在地板上，注意你的姿势，调整你的背部、颈部和头部。

2.闭上眼睛，把注意力集中在呼吸上。感受空气从身体进出的感觉。吸气时，你感觉胃在扩张；呼气时，你感觉胃在下沉。如果愿意的话，你可以在吸气时说话或思考，在呼气时保持注意力集中。

3.自然地吸气和吐气——不要试图控制它。当你的想法开始游移时，把注意力轻轻带回到呼吸上。不用管下一次或上一次呼吸，只专注于现在的呼吸。

4.不要担心你做得是否"正确"，评价是人类的天性，但是，不管你的想法在哪里徘徊，也不管它徘徊了多久，你只需要不加评判地重新聚焦于呼吸。

5.不管你设定的练习时间是五分钟还是二十分钟，继续练习直至结束。轻轻睁开眼睛，注意自己的感受，然后继续下去。随着你开始自由练习，你可以全天随时用它来重新调整注意力。

如果愿意，你可以在下面的表格中记录呼吸练习。不过要记住，每次练习都具有独特的特点，不要比较或判断，而是着眼于当下，放弃评价。

正念呼吸练习记录表

日期/时间	练习时长	说明/想法

第二步：正念饮食

大多数人会在汽车里、电视机前、办公桌前不自觉地吃东西。像呼吸一样，饮食也关乎我们的生存，但是，我们很少注意到这一体验。回想一下你最近的一餐，回答下列问题。

你吃了什么：＿＿＿＿＿＿＿＿＿＿＿＿＿＿＿＿＿＿＿＿＿＿

你在哪里吃的：＿＿＿＿＿＿＿＿＿＿＿＿＿＿＿＿＿＿＿＿＿＿

你还做了什么：＿＿＿＿＿＿＿＿＿＿＿＿＿＿＿＿＿＿＿＿＿＿

还有哪些人在场：_____

你当时想到什么：_____

食物看上去怎么样：_____

食物闻起来怎么样：_____

食物尝起来怎么样：_____

许多人毫不费力地回答前四个问题，但很难回答剩余的问题。他们可能记得自己吃的东西以及环境的细节，但很少关注饮食的体验。专注于饮食是一个与当下建立联结、放慢速度并留意自动化习惯的机会。学习有意识地关注饮食等自动化行为将使你更容易留意到那些已经形成的、促使你拖延的习惯。

练习：正念饮食

1.选择进餐的时间或利用你已选择的时间，练习以正念的方式吃正餐或零食。和进行呼吸练习时一样，选择一个不被他人、电视、电话或广播打扰的地方，舒适地坐下来，保持良好的姿势。

2.在将食物放入嘴里之前，请仔细观察食物。注意它的外观——颜色、质地、形状，同时注意食物的气味。

3.注意身体正在发生的一切，以及你正在体验的任何感觉。你感到饥饿，还是饱胀？你的嘴里在分泌唾液吗？

4.当你将食物放入嘴里时，注意舌头品尝食物时的气味和感觉。吃起来怎么样？味道如何——甜、酸、苦、咸？当你慢慢咀嚼再咽下，身体有怎样的感觉？

5.如果你发现思绪游移，请轻轻把它带回到饮食上。注意到任何想法或感受，但是，不要陷入其中或加以评判——只需顺其自然，并重新聚焦于饮食。

6.在整个进餐过程中持续这项练习，并尽量关注每一口食物，把每一勺每一筷都当作一次新体验，当思绪游移时，把想法带回到当下。

7.每天吃零食或正餐时，至少练习一次正念饮食。通过一些练习，这将变得更自然。

你认为正念饮食练习对你有什么益处吗？思考一下它可能会如何影响拖延，并在下面写下答案：

_____
_____
_____
_____

现在每天练习正念吧！

第三步：专注于日常任务

你只要专注于每天的活动，就是在进行正念练习。大多数人不会太在意像刷牙、做饭、穿袜子或坐在椅子上之类的日常琐事，但每项任务都会产生一系列感知觉，这些感知觉是使生活变得更加现实的关键。记住，留意到生活中正在发生的事情是一种能力，它不仅让你更充实地活在当下，还使你不再陷入对过去或未来的焦虑与担忧循环中。

练习：今日正念

1.首先选择任务。无须过多考虑，选择任何一项你能自动化完成的日常任务，比如刷牙、做饭、穿袜子、坐在椅子上、散步、洗脸、洗澡或者开车上班。

2.下一周，每次都以正念的方式执行这项任务。留意身体的各种感受，通过每个感官来接收整个任务中出现的感知觉——感觉、气味、声音、外观与味道，关注那些你通常不会注意的事情，尽可能使自己沉浸在当下，有意识地做出动作。

3.当注意力开始减弱时，轻轻把它拉回来。不用担心，也不要评价分心的想法，只需要把它拉回到当前的任务。

继续练习你对日常任务的觉察。每天以正念的方式至少完成一项例行任务，用下面的表格记录完成情况。

正念练习记录表

日期/时间	任务	说明/想法

第四步：关注闪现的想法

如你所知，我们的想法强烈影响着我们的感受以及对情境的回应。对于焦虑型拖延者来说，相同的想法可能不断闪现——我永远完不成，这还不够好，我现在不能做。有时，这些想法变得如此熟悉，以致你甚至不再注意到它们。然而，它们（一连串的担忧与自我怀疑）导致你出现逃避、分心与拖延。正念不仅使你能意识到这些想法，还使你断开与它们的联系。要记住，想法只是想法，它们是虚无的，只是暂时存在，它们不是真实的，它们不是你，也不能界定你的意义。不加批判地让它们自然经过就好了。通过下面的练习意识到你的想法是什么：它们只是想法罢了。

练习：觉察你的想法

1. 舒适地坐在选定的地点。深呼吸几次，进行正念呼吸，留意呼吸时产生的感觉。
2. 无需评价，注意你正在出现的想法，然后把它标记为想法。例如，不是我的报告会失败，而是我有一个"我的报告会失败"的想法；我不是彻头彻尾的失败者，而是我有一个"我是彻头彻尾的失败者"的想法。
3. 在进行练习时，请继续标记你的想法。如果发现自己正在评判这一想法，要轻轻重新调整思路，只对它进行标记。花几分钟进行这一练习。

4.现在,当这些想法进入脑海并经过(就像天空中的云彩一样)时,请观察这些想法。想象每个想法就像蓬松的白云在蓝天上飘动,它们进入你的脑海,不停地飘动——像云一样,你无法控制它们移动的快慢,当它们飘过你的身旁时,你只可以观察它们。

5.练习五分钟,如果你感到舒适,也可以继续练习。当有想法进入脑海时,你注意到它,把它标记为一个想法,并看着它从云端穿过,关注、标记、看着它经过,关注、标记、看着它经过……

6.当逐渐适应、习惯于标记想法并允许它们在脑海中飘动时,你可以尝试将这一策略应用到日常生活之中。每当你注意到自己正在焦虑、担忧或拖延时,只需留意出现在脑海中的想法,并对它进行标记("只是一种想法"),然后让它经过。

现在,请继续把正念练习引入日常的体验。

第五步:随时随地聚焦当下

在掌握用正念的方式呼吸、饮食和完成日常任务,并留意闪现的想法后,你可以进一步把这项练习融入生活。请记住,你可以随时随地进行正念练习,专注当下。如果发现自己正在焦虑、逃避或拖延,请按照以下步骤重新聚焦于此时此刻。

练习：随时随地聚焦当下

1. 停止你正在做的事情，进行一次深呼吸。
2. 通过每个感官，关注到你看见的事物、闻到的气味、听到的声音、尝到的味道以及察觉的感受。
3. 环顾四周，记录三种你看到的东西。
4. 你听到了什么？尝试列举至少三种事物。
5. 留意接触到皮肤的三种事物。
6. 留意你闻到以及尝到的味道。

任何时候，当你感到担忧、焦虑或需要更专注时，都可以做这个练习。你可能会发现，自己每天都会用到它很多次，来重启专注的状态。人们在专注时会留意到许多事物，多数人对此感到惊讶。你不必在每次重新聚焦时都进行记录，如果发现记录会分散注意力，也可以跳过这一步骤。练习重新聚焦当下的次数越多，你会越感到自然，越不容易陷入担忧—逃避的循环。

应对正念中的困难

你可能会对正念练习产生疑问和担忧，这是正常的现象——专注于此时此刻不同于我们与环境之间常见的互动方式。一开始，你可能感到尴尬、做作或无聊，或者迟迟看不到正念对改善拖延与逃避的作用。这令人沮丧，你很想放弃。感到挫败的不止你一个人，但需要继续努力。打破长期形成的习惯需要一定的时间，不过，这么做是值得的。下面列出练习者对正念的一些常见评论——看看它们是否反映出你的心声。

正念花费太多时间

诚然，正念让我们摆脱繁忙喧嚣的生活。当你为截止日期感到苦恼时，你很难从手头的任务中抽出几分钟时间。不过，你需要考虑一下阅读这本书的原因——你的担忧、焦虑和拖延耗费了太多的时间。现在花一些时间练习关注当下，从长远来看，你会因为减少了焦虑与拖延的时间而获益。

我做得不对

你可能感到思绪徘徊不定，觉得自己根本不擅长正念练习。想做好正念练习是一件很自然的事情，但要记住，时常出现思绪游移是人类的特征。不要对自己太苛刻，也不要评判这种体验——当发现自己分心时，你只需要重新保持专注。成功的正念练习是坚持不懈地把注意力重新聚焦于此时此刻，而不是一直保持注意力，从不需要重新聚焦。每当发现自己的思维在游移时，就把它当作是练习重新聚焦的机会。

正念使我更焦虑

关注情绪，有时会让情绪变得更强烈。虽然焦虑可能被增强了，但你也更容易意识到它，一开始，你也许很难忍受与焦虑共处。不过，我们也知道逃避、焦虑或把注意力从感到焦虑的事情上转移不会起到任何作用；如果它起作用，也只是暂时缓解焦虑。让你的焦虑存在并从脑海中经过，不必与它做斗争，也不必陷入其中，你会发现焦虑慢慢失去了影响力。

我无法完成正念练习

当然，你之所以进行正念练习，恰恰是因为你有拖延的习惯，练习本身就是一项挑战。但是，请忘记过去，忘掉明天，只聚焦于当下。你将遇到障碍，也将面临挫折——你无须完美。尽可能把正念引入生活。在学习了后续的章节并学会面对恐惧、设定更有效的目标以及更切实地管理时间之后，你可以把正念与其他技术结合起来。

本章要点

- 以正念的方式更加关注当下，会打破焦虑与逃避的恶性循环。
- 正念意味着停留在当下，有意关注你所处的时刻，而不加以评判。

- 研究证实，正念练习能有效地缓解焦虑。
- 进行诸如呼吸或饮食的正念练习，在日常活动中保持正念，可以帮助你关注此时此刻，减少焦虑。
- 把恐惧或担忧标记为"想法"，学习如何不加评判地让它们从脑海中经过，有助于打破焦虑——拖延的循环。
- 每当你感到担忧、焦虑或发现自己正在拖延时，可以把正念融入日常的生活，并用它集中精力。

第8章
向恐惧发起挑战

如果你是焦虑型拖延者,你可能经常听到类似于"你想太多了"或"别担心,事情会变好的"这样的话。事实上,这正是大多数拖延者正在尝试做的事情——停止担忧,停止杞人忧天,停止感到如此焦虑。因此,他们会掩饰、逃避以及推迟焦虑背后的任务,试图考虑其他事情。表面上,这似乎是显而易见的常识:如果某件事情困扰着你,那就不要思考它;如果你不喜欢做某件事情,那就别做了。但是,它为什么失效了呢?

逃避会让事情变得更糟

如果逃避有效,一切将变得容易得多——我们只需要观看足球赛,打扫厨房,忘掉迫在眉睫的时限就行了。不幸的是,逃避并不奏效——如果它起作用,没有人会阅读这本书。作为一个拖延者,你比任何人都清楚,推迟并假装忘记并不会使任务消失,不会帮助你完成任何事情或做出任何决定，也不会减弱你的焦虑。事实上，试图不想这件事，往往适得其反，甚至让你想得更多。以下的练习可以帮助你了解为什么"压抑焦虑的想法是徒劳的"，请花点时间完成它。

练习：不要想红色的气球

> 用计时器设置一分钟的时间，或请同伴帮忙计时。闭上眼睛，随意想些什么，但无论如何，不要想红色的气球，不要想"气球"这个词，也不要让有关气球的画面进入你的脑海。坚持整整一分钟，计算一下你多少次出现失误，多少次想到了气球。

和大多数人一样，你不太可能成功。你是不是发现，自己越努力地不去想，气球越容易在脑海中出现？一些科学研究发现了同样的结果：我们越压抑想法，它们越有可能出现（Wegman, 1994）。即使有人成功地压抑住了，也很难长时间保持专注，因为这实在是太累了！因此，尽管你可能努力地不去想担忧的事情，但从长远来看，逃避那些令人不适的想法，认为它们是真正的威胁或危险，会破坏你忍受这些想法、管理焦虑以及面对任务的能力，最终加剧恐惧，并用拖延来避免担忧；让你无法了解到，自己其实能面对这些挑战，如果积极应对就不会发生可怕的事情。

多数人都知道，逃避和拖延任务或决定不是建立自信心、提高工作效率的最佳途径，但是，很少有人相信"减少担忧的好方法是故意创造更多的忧虑"。不过,事实确实如此,正如第4章讲到过的,克服恐惧最有效的方法之一就是面对它。当然,直接面对令人恐惧的情境、想法或画面看似简单,实际却有难度。你在第4章中使用的直面失败与成功的方法,现在也可以用于应对其他各种导致拖延的恐惧或担忧。

故意创造更多忧虑为何能减少担忧呢?很多人反驳这一观点,他们觉得自己长久以来的担忧并没有带来什么好结果。这是因为,当人们自动化地产生担忧时,很少一次只选定一个对象,往往在快速转换,这被称作链式过程。它通常发生得极快,以致你很难注意到每一种担忧,无法进行客观评价(Zinbarg, Craske, & Barlow, 1993),结果是各种想法相继出现,使焦虑升级。

想一想最近一次你担忧的、拖延的任务——缴税、待办项目,或打扫车库。你的想法可能来得迅速而猛烈:我不知道从哪里开始,我永远无法完成,结果太糟糕了,我做不到,我应付不了……这样的想法也适用于决策——找一家健身房、选择幼儿园、选择牙医:我应该选择哪一个?如果我选错了,怎么办?如果有更好的选择,怎么办?我怎样才能确定?我也许会后悔……你不断思索直到精疲力竭,也没有做任何事情或决定。

在有意地直面恐惧和担忧时,你每次只能关注一个想法,你会发现停留与关注这个想法的时间越长,它就越难打扰你。第4章中对恐惧情境的习惯化练习,对焦虑的想法也有效。研究发现,通过关注恐惧的想法,你的焦虑将随着时间的流逝而减少(Foa & Kozak, 1986);而试图摆脱某个想法或避免特定的担忧会干扰习惯化的过程,使你的焦虑持续出现。

通过学习每次有意地只关注一个担忧，聚焦它而不分心，你对该想法的焦虑将被减弱，并开始完成曾经逃避的任务。

通过直面恐惧与担忧来克服拖延

下列三个关键的步骤，将帮助你直面恐惧的想法，以克服焦虑与拖延。这三个步骤是：

1. 评估面对恐惧的强度；

2. 选择最有效的方法；

3. 练习直面恐惧，直至习惯。

第一步：评估面对恐惧的强度

当你正在逃避某个情境时，让你面对它，听上去很可怕。但放心，这项练习是循序渐进的，你会从面对最不害怕的事情开始，逐渐过渡到最害怕的事情。

首先设定一个从0到100的焦虑等级表。100表示你能想到的最恐惧的想法、画面或担忧，而0表示一点都不焦虑。中间数字50表示中等程度的焦虑或困扰，它有点挑战性，但相对可以忍受。试着设定从低到高的焦虑等级范围，它至少包括10级，但如果你的等级过多或过少，也无须担心。

下面是格蕾丝的恐惧等级表。格蕾丝担心医生由于她超重而责备她，或者发现她患有严重的疾病，因此拖着不去看医生，推迟预约，想等到自己变瘦了再去。但是，从上次身体检查以来，已经过了好多年，她的体重持续上升，对健康感到越来越强的焦虑。她的目标是通过直面引发焦虑的想法、画面以及担忧，让自己能更从容地预约并进行身体检查。

格蕾丝的恐惧等级表

焦虑的想法、画面或担忧	焦虑
想象医生告诉我得了严重的病	100
想象我在诊疗室里等医生	90
看到有关疾病的宣传册	85
想到医生告诉我："你太胖了，必须减肥。"	80
想象护士给我称体重	70
想到"如果我得了癌症或心脏病，怎么办？"	65
阅读有关营养与健康体重指数的资讯	55
想象接诊员问我为什么那么久都没去医院	40

格蕾丝对有关看医生的担忧、想法以及预期中的焦虑划分了等级。现在，你也可以尝试一下，从两个端点开始着手也许会更容易，回想你总是逃避的、让你产生诸多困难的情境，然后总结与这个情境相关的想法、画面或担忧。选择焦虑感最严重的一项，把它设为恐惧等级表的最高级（100）；接下来，选择一个引发你中度焦虑的想法，把它设定为中点（50）；之后，通过与已设定的两项进行比较，写出其他的担忧、想法与画面。如果存在引发担忧的实际情境（比如在格蕾丝的等级表中列出的"阅读有关营养或疾病的资讯"），你也可以把它填进去。

恐惧等级表

焦虑的想法、画面或担忧	焦虑
....	....
....	....
....	....
....	....

第二步：选择最有效的方法

尽管直面恐惧的方法有许多，但其中两种对克服焦虑型拖延尤其有帮助。在很多情况下，你可能需要将它们结合起来，以应对恐惧的想法与担忧，以及引发这些担忧的情境。这两种方法是：

1. 在现实中面对。即进入令你恐惧的情境，这可能意味着你要真实地在他人面前讲话、去上课或者购买新衣服。你的恐惧什么，就去做什么。

2. 在想象中面对。即借助你的想象力，你可以把令你恐惧的糟糕情境写出来、录音并反复倾听，直到你的焦虑不断减弱。这也许包括想象领导给予负面的评价、考试不及格或者做出错误的决定。

　　格蕾丝同时使用这两种方法来解决等级表上的问题。例如，她反复阅读营养手册与有关预防心脏病的宣传材料，直到不再感到那么焦虑（在现实中面对）；她还设想了接诊员询问她长期不来体检的原因，以及护士为她量体重的画面（在想象中面对）。她想象医生说她需要减肥时的情景：

候诊室很冷。我能听到医生在走廊或隔壁的房间里微弱的说话声，但无法分辨清楚。我穿着这件薄薄的外套，感到很不自在，我低头看着自己的鞋子，想要立刻离开。如果没有人注意的话，我也许可以偷偷溜走。不过，敲门声响起，我没有时间逃走了。佩里医生进来了，看上去很高兴。不过，我知道他虽然微笑着，但对我很失望。他回顾护士的记录，微笑消失了。他严肃地看着我说："格蕾丝，从上次体检以来，你的体重已经涨了10千克。根据你的家族病史，这是不行的。你需要立即控制饮食、锻炼身体，否则恐怕你不会长寿。我立刻为你预约一位营养师。"我知道他没错，但是，他否定的语气让我胃部不适。我感到尴尬，想立马离开。

在写出这个场景之后，格蕾丝把它录了下来；听录音的时候，她尽可能生动地想象当时的场景。起初，她很难坚持下去，常常有停下来关掉它的冲动。不过，她竭尽全力地专注于此，就好像它在真实发生着一样，每次练习持续20—30分钟。她发现自己听得越多，就越容易坚持，焦虑就越低。最终，这样的想象并没有让她变得更焦虑，她觉得自己已经做好了预约身体检查的准备。当佩里医生真的说到体重的时候，格蕾丝的焦虑程度远没有达到她想象的程度，她没有离开，而是做好了应对焦虑的准备。

第三步：练习直面恐惧，直至习惯

在完成等级表，了解直面恐惧的不同方法后，下一步就是练习。你可以遵循下列规则：一开始，选择等级较低的项目，这应该是一项有挑战性的，但非压倒性的任务。不断练习面对这个情境、想法或担忧，直到焦虑减轻到一半以下的程度，然后再进行下一个项目。因此，如果你开始选择了焦虑评分是40分的项目，聚焦于它，不要分心，直到焦虑降低到20分左右。在每次练习时，焦虑程度都会比上一次有所下降。

每个人的情况不同，因此，你可能只需要练习几天就可以进行下一个项目，也可能需要练习一周或更长时间。不断面对恐惧，直到完成等级表上的所有项目。你可以使用下面的表格，记录在每次练习中的焦虑程度，追踪进展情况。

练习记录表

日期：_____
开始时间：_____ 结束时间：_____
焦虑水平（0—100）： 备注：
开始：_____ _____
10分钟：_____ _____
20分钟：_____ _____
30分钟：_____ _____
40分钟：_____ _____
50分钟：_____ _____
60分钟：_____ _____
结束：_____ _____

怎样确保练习成功

在练习时，感受焦虑、不做任何分心的事情是很重要的，让焦虑自行消退是成功的关键。尽量压抑住想要安慰自己或想要摆脱恐惧的欲望，持续20—30分钟。

在刚开始练习时,你可能发现自己的焦虑程度比平时更高,这种情况是很正常的,事实上,保持一定强度的焦虑会让练习更有效。重复进行相同的练习,你的焦虑评分会逐渐下降,练习的次数越多,焦虑就减轻得越快。当你持之以恒,不断努力提升自己对这些想法与情境的忍耐力时,感到身体疲劳或精神疲惫也是正常的现象,坚持下去,你很快就能看到自己产生积极的改变,而焦虑程度会不断减轻。

直面恐惧情境是克服拖延的有效手段,但过度练习本身可能成为一种拖延策略。合适的练习量是多少?这个问题没有确切的答案,取决于你使用它时的实际效果。一旦某个项目已经无法再引发焦虑,即使你对下一等级的项目感到害怕,也要继续进行下去。不要在已不能让你感到恐惧的等级上徘徊不前;当有机会在现实中面对时,就要化想象为实践。请记住,你不必将等级表上所有的担忧、想法、画面或恐惧情境都练习一遍,因为它们彼此之间是可以拓展和迁移的。如果你的练习不起作用,以下提示可能有所帮助。

● 每天练习。偶尔练习不起作用,你可能只会保持在同样的高焦虑水平。让你的努力有意义!

● 务必坚持。体验焦虑是令人不快的,所以在焦虑达到顶峰、即将消退之前,人们经常放弃练习,感到焦虑似乎永不结束。坚持下去——它会随着时间的流逝而减轻。

● 如果你练习在想象中面对恐惧,尽量使想象的场景生动、具体,包含有关声音、气味、景物、想法与感受的详细信息。用第一人称和现在时态写下这一场景,好像它现在真的发生在你身上一样。确保一次只关注一个问题。

- 使用等级表确定练习的步调。最好选择一个具有挑战性的，但非压倒性的项目，当它变得容易时，继续完成等级表上的下一个项目。
- 在练习20—30分钟之后再审视自己的认知曲解。在练习时不要安慰自己，也不要试图摆脱恐惧。
- 如果你发现焦虑程度没有下降，请仔细观察自己是否出现过任何细微的逃避行为、分心行为或者其他干扰练习的行为。这些应对策略仅在短期内奏效，从长远来看，它们维持着你的焦虑。

起初，练习的过程有些令人生畏，但通过不断坚持并克服恐惧，你将能更好地控制焦虑和拖延倾向。

本章要点

- 通过不想它们来避免恐惧，实际上会导致更多的担忧和焦虑。
- 聚焦于对恐惧情境的担忧，会减少焦虑，或让你对焦虑感到习惯。
- 在现实中或想象中直面恐惧和担忧可以帮助焦虑型拖延者。
- 通过系统地、分步骤地面对恐惧，你能更轻松地处理焦虑的想法、画面和担忧，并减少对恐惧情境的逃避。

第9章
设定有效的目标

在每次心理咨询会谈开始时，我都向来访者提出这样的问题："在今天的会谈中，你想解决什么问题？"多年来，我听到过各种各样的答案。一些来访者知道自己感到焦虑，想要感觉更好，但不确定每次会谈中想要达成的目标；一些人反而问我他们应该关注什么问题；一些人对这个问题感到惊讶，对"有效的目标是咨询的重要组成部分"的观点感到惊讶；也有一些来访者目标明确而具体，他们往往是最快取得进展的。例如，伊莱恩非常清晰地回答了这个问题："我丈夫的妹妹让我感到焦虑。她胁迫我做事。我想学习新的互动方式，好让自己在与她相处时更舒服。"正如所见，这是一个明确而具体的目标，有助于伊莱恩在咨询中取得进展。

好目标是改变的助推器

清晰有效的目标指导我们通过调整自己的想法和行为，在生活中取得进展；我们的心境也会发生改变，变得更加自信，压力感更低，拖延行为不断减少。重新获得生活的意义与目的会让我们充满生机和活力，体验到实现目标的乐趣，感到每天不断进步，不再陷入犹豫与迷茫之中。

虽然设定有效的目标是克服拖延的重要一步，但在因担心和焦虑而拖延时，你可能发现自己很难确定每天想要完成的事情，也很难设定长期目标；空闲时无所事事，任时光流走，到了晚上，又因此感到空虚无聊，体会不到任何成就感。

下面，我们将介绍制定有效目标的五步计划。你将学习如何抛弃无效目标，建立明确具体的目标，迅速朝着自己想要的生活迈进。

如何设定足够好的目标

设定有效目标的五个步骤包括：

1. 确定价值观；

2. 设定目标；

3. 找到达成目标的步骤；

4. 预测可能出现的问题；

5. 自我奖励。

让我们更详细地介绍一下这五个步骤以及相应的练习。

第一步：确定价值观

在确定价值观之前，我们首先界定一下这个术语。价值观到底是什么？价值观可被定义为我们选择的生活方向（Hayes, 2005），我们据此对生活中的各种问题进行判断和决策，走上特定的人生之路。价值观帮助我们做出选择和行为，引导我们设定目标，带领我们朝着某个方向前进。

当然，价值观在我们的生活进程中会发生变化。二十岁时看重的事物往往与六十岁时的追求不同。例如，朱迪在50岁前曾极其看重物质生活，花钱大手大脚。但她八十多岁的妈妈却经常入不敷出，不得不找她借钱。朱迪害怕自己变得和母亲一样，而且这种恐惧深深影响了她的价值观，让她认为买豪车不如攒钱养老重要。价值观的变化促使朱迪为自己设定了新目标——减少目前的开支，为未来存钱。

花些时间思考一下你的价值观，它们是你日常生活结构的基础。价值观不明确可能会让你陷入选择困难，在空闲时间尤其如此，例如晚上或周末，你可能感到无所适从，最后一无所获。分析自己的价值观，有助于解决这些冲突，让你获得方向感、意义感以及目的感。

常见的价值观包括：健康、关系、灵性、家庭、教养、金钱、友谊、职业、物质条件、利他、教育、娱乐等。

练习：你的价值观是什么？

你认为什么是最重要的？从最重要的一项开始，依次列出你最看重的五件事物。

1. _____
2. _____
3. _____
4. _____
5. _____

吉姆39岁，是一位企业家。焦虑和逃避一直困扰着他。在多次尝试挑战拖延但都失败了之后，他开始意识到自己的努力缺乏核心价值观的引导。他列出了下面的清单，认为这些价值观是非常重要的：

1. 健康
2. 家庭
3. 职业
4. 朋友
5. 宗教

吉姆对这项练习的结果感到惊讶。在分析之后，他发现自己显然没有在最重要的事情上花费足够多的时间和精力。他意识到以前提高效率的尝试之所以失败，是因为他专注于错误的事情——那些对他来说不重要的事情。吉姆意识到自己需要做出改变，并设定一些与价值观更匹配的、明确具体的目标。

第二步：设定目标

我们的目标要与价值观保持一致，但目标与价值观并不相同。价值观代表着我们认为最重要的事物；而目标是一项具体、可实现的任务（Hayes, 2005），它决定着我们的行动，也决定着我们在某件事上努力的程度与投入的时间（Locke, 2002）。

拖延问题可能在价值观层面和目标层面同时出现。如果陷入价值观层面的拖延，你会因为犹豫、无法选择而感到不知所措；如果陷入目标层面的拖延，你知道自己想去哪里，只是不知道如何最有效地到达那里。想要设定符合价值观的目标，你需要了解设定有效目标的关键点。

有效目标与无效目标

埃德温·A.洛克是目标设定领域的先驱之一，他发现良好有效的目标需要：

有难度：这一特征似乎有违常识，你可能认为应该设置简单易行的目标，但研究表明事实并非如此（Locke, 2002）。目标越困难，我们越有可能努力实现，即使没有实现，也会有很多收获。例如，高尔夫球手泰格·伍兹（Tiger Woods）的职业目标是赢得19项冠军，打破杰克·尼克劳斯（Jack Nicklaus）的纪录。因为设置了困难的目标，他付出了更多的努力，也取得了比绝大多数球手更高的成就。

具体：目标越清晰具体越好，在很多情况下，可以使用数字来设定具体的目标。例如，"减重10千克"是一个比"减肥"更具体、更有效的目标。

反馈：把控进度是设定有效目标的另一个关键，它让你了解自己的表现，并调整自己的努力程度。反馈的难易程度与目标具体与否密切相关，例如，"减重10千克"可以为你提供清晰的效果反馈。当我们朝着目标努力时，这些关于表现的信息是让我们持续进步的关键因素。

承诺：作出承诺对完成目标来说是至关重要的，它也让你更明确自己的价值观。这些价值观帮助你选择想要完成的目标——你认为重要的目标。

可行性：困难的目标在提高表现以及克服拖延上非常有用，但它必须是可以实现的，因此要在能力范围内设定。

以下是有效目标的示例：

- 减重10千克
- 每年攒10000块钱
- 将胆固醇指数降到5毫摩每升
- 每周六去教堂
- 每周至少有五天要与家人一起吃晚饭

无效目标与有效目标是相反的。我们怀着美好的意愿设定这些目标，但它们不能有效引导我们践行自己的价值观，反而让我们纠结于目标本身。

无效目标示例：

- 改善我的健康状况
- 与家人更好地相处
- 更加快乐

- 尽我所能
- 更加享受生活
- 停止拖延

下面的表格可以帮助你快速评估目标的有效性。

有效目标	无效目标
有挑战性的	太容易的
具体的	模糊的
可测量的	不可测量的
重要的	不重要的
与你的自我效能感相匹配	与你的自我效能感不匹配

短期目标与长期目标

在熟悉了有效目标设定的要点后，你也可以从短期目标和长期目标的角度进行思考。顾名思义，短期目标在不久之后就可以完成，它们作为路标，指向人生旅途的目的地；长期目标更接近我们的价值观，需要更长的时间才能实现，代表着目的地。在理想情况下，短期目标、长期目标和价值观彼此融合，指引我们过上实现终极价值观的生活。

24岁的阿丽普尔因为无法完成学业而接受拖延治疗。她已经从几所大学退学，在接受咨询时，还没有重新入学。她不愿填写申请表，不想提交必要的材料。在咨询中，她确定了自己的价值观、长期目标和短期目标。

价值观：教育

长期目标：获得大学学位

短期目标：在截止日期之前，向当地公立学校提交申请书

一旦阿丽普尔明确了自己的价值观、长期目标与短期目标，她就做好了继续努力的准备，并能把短期目标分解成更易行的步骤。

练习：设定目标

现在轮到你练习设定有效的目标了。看一下之前的价值观层级表，从中选择一项，在下面的空白处写下与之相关的长期目标与短期目标。

价值观：_____

我的长期目标是：_____

我的短期目标是：_____

回顾你的目标，它们是否符合有效目标的标准？它们具有挑战性吗？具体吗？你能得到反馈吗？你作出承诺了吗？你能实现它们吗？如果你的回答是否定的，请调整以达到有效目标的标准。

吉姆回顾了他的价值观层级表，认为自己需要关注健康问题。他最初的目标是"变得更健康"，根据标准，这个目标太模糊。于是，吉姆将短期目标调整为"胆固醇指数降到5毫摩每升"。这个

新目标更加具体，也达到了有效目标的其他标准：具有挑战性，可以据此作出承诺、得到反馈、规划实现它的步骤。

第三步：找到达成目标的步骤

在设定了符合有效标准的长期目标与短期目标之后，要把它们分解成更小的任务。在这一步中，你将确定实现短期目标所需的最少步骤，这些步骤代表着小目标，它们不仅在你被大目标压垮时有效，还会帮助你应对想要逃避的任务。

莎拉是一位24岁的焦虑型拖延者，她住在芝加哥市中心，没有驾照，也抽不出时间考驾照。不过，在找到一份位于郊区的新工作之后，她突然需要每天开车上班。因此，她设定了一个目标：得到驾照。莎拉的长期目标是通过在这家公司工作，实现事业发展与收入增长；而得到驾照是与其一致的短期目标。下一步是要把这个短期目标分解成各个步骤：

1. 完成驾照培训的申请
2. 找一个能陪我练习的人
3. 每周花5个小时练习开车
4. 每天花30分钟学习驾驶手册
5. 参加路考
6. 拿到驾照

练习：设定小目标

> 思考一下之前列出的短期目标。现在把它分解成最小的步骤，即实现大目标所需的小目标。在下面列出你的步骤。
> 1. _____
> 2. _____
> 3. _____

在吉姆将目标设定为"将胆固醇指数降到5毫摩每升"之后，他的下一步任务是分解出清晰具体的步骤，即为了实现目标，他需要做什么。他想到以下步骤：

1. 在跑步机上跑步30分钟，每周3次
2. 每天吃3次燕麦
3. 少吃红肉

吉姆觉得这三个步骤可以帮助他过上与"变得健康"的价值观更一致的生活，是达到"将胆固醇指数降到5毫摩每升"目标所需的步骤。

第四步：预测可能出现的问题

当你确定价值观、选择目标并且找到实现目标所需的步骤时，你很可能会感到自己充满了能量和动力，觉得自己已经准备掌控生活，过上符合自身价值观的生活。现在前进的道路更清晰，你知道自己想做什么以及怎么做，你感到精力充沛、活力满满，准备好迎接新生活。

充满活力和热情的感觉很棒，但是，如果你继续完成目标设定过程的最后两个步骤，成功的可能性就会大大增加。首先，我们将聚焦于在实现目标时可能遇到的问题。在前进的道路上，你会发现自己不可避免地遇到重重阻碍。因此，提前问问自己"可能出现怎样的错误？当我朝着这个目标努力的时候，我将会面临什么样的问题？"同时，预测一下可能用到的解决办法也是很重要的。

练习：预测问题与解决方法

回顾你的短期目标，设想一下：可能出现什么错误？阻碍进步的因素会是什么？在下面的表格中，把你能想到的每个问题都写下来，并针对每个问题进行头脑风暴，找出可能的解决方案。这样，你就可以提前准备，以防遇到各种阻碍。

可能的解决方案

问题	解决方案

吉姆设定的目标是将胆固醇指数降到5毫摩每升。在逐步分解目标之后，他感到兴奋、充满活力，相信自己有办法实现目标。

下一步，他要找出可能面临的任何问题，并通过头脑风暴的方式提出可能的解决方案。他的表格如下：

吉姆的备选解决方案

问题	解决方案
燕麦吃光了。	我知道每周需要21份燕麦。一次采购一周所需的数量，这样我就不需要总跑去商店采购了。
我找不到锻炼的时间。	我在每周固定的时间锻炼：星期一、星期三以及星期五上班之前。
我的跑步机坏了。	我可以外出跑步、购买新的跑步机或者去健身馆。
我的膝盖疼。	我可以做其他练习，使膝盖不受较大的压力，例如游泳。
我特别喜欢吃红肉。	我还喜欢许多其他食物。当达成目标时，我将奖励自己一个芝士汉堡。
我觉得在跑步机上跑步很无聊。	我可以一边看电视一边跑，还可以到户外去跑，或者暂时替换成其他练习。

第五步：自我奖励

　　设定目标并完成实现它所需的步骤通常是艰苦的工作。在隧道的尽头亮起一盏灯，往往令人顿生勇气。在朝着目标努力时，自我奖励会让你有所期盼，让你知道自己"干得漂亮"。达成你所重视的艰难目标本身往往会带来许多回报，但奖励最好是在此基础上额外设定的。第11章将帮助你更充分地开发奖励系统，现在花点时间头脑风暴一下能让你愉快的事物，在下面列出来，要尽量富有创造性，即使是大胆古怪的想法也没关系。

练习：选择一项奖励

我的奖励包括：
1._____
2._____
3._____
4._____
5._____
6._____
7._____
8._____
9._____
10._____
从上面的列表中，选择一项或多项奖励。
当我达到目标时，我将奖励自己：_____

本章要点

- 学习设定有效的目标对克服焦虑型拖延是至关重要的，你将发现自己的精力、效率与活力有所提高。

- 有效的目标兼具挑战性与具体性，让你可以得到反馈；有效的目标还涉及坚定的承诺以及拥有实现目标所需的技能。

- 有效的目标设定包括五个关键步骤：确定价值观、设定目标、找到达成目标的步骤、预测可能出现的问题以及自我奖励。通过完成它们，你将极大提升目标设定的技能；你会发现自己的工作效率不断提高，焦虑型拖延逐渐减少。

第10章
更有效地管理时间

时间管理不只是制定完美的日程表

许多拖延者害怕并讨厌时间管理,因为这会让他们想起自己为了提高效率曾做出的失败尝试,并体验到无能为力的、做作的或羞耻的感受;随着时间的流逝,它还可能会带来负罪感。但是,有效的时间管理可以减少担忧、逃避,是克服拖延的必要步骤(Van Eerde, 2003)。通过制定切实可行的日程计划,你就不会在焦虑的支配下做出选择,也不会诉诸无效的方法,进而提高时间管理技能,预防拖延(Dietz, Hofer, & Fries, 2007)。

事实上,拖延者与时间的关系颇为复杂。时间既是你的对头,一边匆匆流逝,一边在博弈中嘲笑着你;但它也代表着无限的可能性——一种永无止境的资源。拖延者对时间爱恨交织,在对任务时间的低估与高估之间摇摆不定。一方面,他们感到时间非常充裕,当看足球赛、看报纸或玩手机更吸引人的时候，为什么不去做呢？另一方面，完成任务要花如此多的时间，让人感到窒息——既然现在没有足够的时间完成这项工作，就只能等待下一次机会了。时间管理不只是设置完美的日程表，而是通过意识到自己当前的习惯，学会准确地估计时间，并把计划目标纳入日程之中，从而改善你与时间的关系。你会停止与时间的博弈，把时间变成盟友。

如何有效地管理时间

正如你在第9章学习的如何分解目标一样，时间管理技能也可分解为几个简单的步骤。每次学习一个步骤，你将可以完成有效管理时间这一巨大的任务，并付诸行动。四个基本步骤包括：

1. 意识到时间管理的必要性；
2. 分析你如何使用时间；
3. 考虑优先等级；
4. 更实际地计划你的每一天。

第一步：意识到时间管理的必要性

许多人认为自己能掌控时间，因此，他们不知道自己把时间浪费在了不必要或没有价值的工作上。在提升时间利用率之前，你首先需要看一看自己正在做什么。

黛安是一个工作忙碌的办公室经理，她常常感到苦恼，抱怨时间不够，无法完成所有的工作。她总是匆忙赶去参加会议、解决紧急事件，而重要的文件和需要完成的员工评价却被搁置了。结果，这些错过截止日期的任务堆积起来，让她感到非常焦虑并逃离了办公室。当然，逃避行为让她越来越落后。当她被要求监控自己的时间时，她同意了；不过，她说这种努力只会是徒劳的，因为她已经知道真正的问题在于不切实际的工作要求，而不是她利用时间的方式。尽管如此，当黛安记录了自己一周的活动后，她感到十分震惊，因为她清楚地发现自己把很多时间花在了那些可以交给他人去做的任务上，同事的频繁打扰严重地拖延了她的进度，而且她还在回复个人电子邮件和浏览网页上浪费了许多时间。留意到这些事情，戴安以效率最大化、减少焦虑以及提升工作满意度的方式调整了自己的日程。

你可以通过下面的表格来监控自己的行动。首先，你需要复印这个表格用于以后的练习，也可以买一本日历或者用笔记本自制记录表，并随身携带，一旦你完成某项活动，就尽快记录下来，不要依靠自己的记忆，也不要等到一天结束时再填写。这个步骤非常重要，因为它能详细展示你如何使用自己的时间，以及需要哪些调整。确保记下花在睡觉、进餐、通勤、看电视和各种事务上的时间，尽可能记得详细。

每周时间管理表

时间	星期一	星期二	星期三	星期四	星期五	星期六	星期日
6:00am							
6:30am							
7:00am							
7:30am							
8:00am							
8:30am							
9:00am							
9:30am							
10:00am							
10:30am							
11:00am							
11:30am							
12:00pm							
12:30pm							
1:00pm							
1:30pm							
2:00pm							
2:30pm							
3:00pm							
3:30pm							
4:00pm							
4:30pm							
5:00pm							
5:30pm							

续表

时间	星期一	星期二	星期三	星期四	星期五	星期六	星期日
6:00pm							
6:30pm							
7:00pm							
7:30pm							
8:00pm							
8:30pm							
9:00pm							
9:30pm							
10:00pm							
10:30pm							
11:00pm							
11:30pm							
12:00am							
12:30am							
1:00am							
1:30am							
2:00am							
2:30am							
3:00am							
3:30am							
4:00am							
4:30am							
5:00am							
5:30am							

时间管理的常见障碍

当你打算开始监控自己的时间时,你可能产生一些负面的想法。例如:

我已经知道自己是如何使用时间的了:如果你像戴安一样,认为了解自己是如何使用时间的,无需进行时间监控,那么,你需要完成一项简单的实验:写下你对日常活动(睡觉、吃饭、通勤、看电视和办事)的用时评估,然后,监控第二天的时间——仅监控一天——看看你的评估是否准确。人们往往发现自己不能进行准确的时间评估。事实上,他们对自己花在交谈或看电视上的时间感到非常惊讶。

我太忙了,无法记录日程:详细实时地记录日程是否让你感到不知所措?你感到自己没有时间完成它吗?这只是暂时的。你无须每天都这样做——只要坚持一周就可以。现在花点时间完成练习,未来你将获得更多时间。你可以把它看作是一项减少担忧、焦虑与压力的投资,把它作为获得更多时间控制感的第一步。

我做不好其他事情,也完不成这项练习:如果你发现自己拖着不完成这项练习,留意一下你在监控时间时产生的想法。你担心这项练习会像其他事情一样失败吗?你想在找到完美的日程安排之后再开始进行时间监控吗?你怀疑自己改变的能力吗?你可以使用在本书第二部分中学到的策略来克服那些妨碍你的恐惧。

第二步：分析你如何使用时间

在详细记录了一周的活动后，你可以使用以下步骤来分析自己的时间使用方式：

1.利用下面的表格对过去一周内记录的活动进行分类。一些可能的类目包括睡觉、饮食、照顾孩子、工作、阅读、看电视、浏览网页、外出办事、打电话、个人清洁、做饭、做家务、通勤和娱乐。

首先使用下表中的类型，然后把相应的内容填入其中。

分类

类别	所用的时间
睡觉	
饮食	
照顾孩子	
工作	
做家务	
外出办事	
打电话	
个人清洁	
做饭	
通勤	
娱乐	
其他	
所用的总时间	168小时

2. 在表的右列，统计过去一周中每类活动所花的时间。确保你计算了一周内的所有小时数：168小时。

3. 你感到惊讶吗？这些项目所用的时间是否超出你的预期？你希望花更多或更少时间的是哪一项呢？你是否花时间完成了不必要的任务？哪些是你想完成却未完成的事情呢？把你的答案记录下来。

我想花更多时间的事情是：	我想花更少时间的事情是：
_____	_____
_____	_____
_____	_____
_____	_____
_____	_____

第三步：考虑优先等级

在第9章中，我们请你优先考虑了个人价值观。在了解了自己如何使用时间之后，可以问问自己，你的时间安排是否与那些价值观匹配。当然，我们不能随心所欲地支配自己的时间——我们有必须完成的工作以及必须支付的账单。但是，如果你发现自己做了大量既无成效又不快乐的活动，就需要在下一周的计划中重新安排一下了。如果你发现自己在不必要的任务上花费了大量的时间，却完不成其他重要的事情，以下策略可能对你有所帮助。

首先，列出你在这一周中想要完成的事情，包括你在前一章中确定的目标。不要在这一步花费太多时间，也不要担心它是否完美——当新目标或任务出现时，你可以随时添加进来，然后考虑一下列表中的每项任务属于以下哪种类别：

优先级高：极其重要，本周必须完成；

优先级中：非常重要，本周不一定完成；

优先级低：重要，需要完成，但不需要立刻着手。

史蒂夫是高中英语部的主任，他的妻子是一名忙碌的律师。由于史蒂夫每天晚上都把工作带回家，很少有时间陪伴妻子和三个孩子，所以妻子总感到非常失望。周末，史蒂夫躲在房间里判卷，撰写课程计划、推荐信或员工评价——这些任务的截止日期多已被错过，尽管他计划在学校里做完工作，但很少能按时完成，他总是说自己没有足够的时间，或者总受到打扰。妻子并不知道史蒂夫周末待在房间时的效率也非常低——他把多数时间用来烦恼应该先做什么，如何解释自己的超时，以及他的学生和同事会怎么看他。妻子的失望终于促使他重新考虑自己的时间安排。他根据自己确定的价值观（家庭、健康、工作）来制定目标并确定每周任务单上的优先级。

史蒂夫的一周任务

每周完成任务的列表	优先级（高、中、低）
每天晚上与家人共度1小时	高
下一周写推荐信	中
观察英语I班	中
给朋友打电话	低
标准化测验研讨会	低
每周锻炼2—3次	高
杂货店购物	中
星期六带女儿去参加足球比赛	高
在计划的时间内判卷	高
针对教学大纲给出反馈意见	中
撰写学习手册	低
复习课程	低
调整预算	低

如你所见，史蒂夫在任务单中拟定的本周活动，不仅时限明确，而且符合他的价值观。他要腾出时间照顾家人、锻炼身体，并完成那些临近截止日期的工作任务。他设定的任务切合实际，如果任务可以等待，就不把它们设为高优先级。他尽可能删除了优先级低的任务，例如"撰写学习手册"和"标准化测验研讨会"。经过考虑，他决定将这两项任务交给助教；助教会做得很好，并乐于获得这样的经历。

现在尝试一下，拟定你的本周任务表，并根据截止日期以及与价值观的匹配程度进行优先级排序。如果所列的任务太繁重或者让你难以承受，考虑一下是否可以分解成更小的步骤。如果某项任务既不重要又不必要，就把它从任务表中删除；也要考虑删除优先级低的任务。

一周任务

每周完成任务的列表	优先级（高、中、低）

第四步：更实际地计划你的每一天

现在查看一下你本周的日程，并把预定的约会、会议或其他有明确时间要求的安排写下来。如果这些任务需要外出，请预留出足够的时间。不要忘记把吃饭、睡觉等必要活动纳入进来！接下来，将任务表中优先级高的项目放入日程表的空白处，但日程表中不应该有过多优先级高的任务——如果每天多于三项，请考虑你是否夸大了它们的重要性与紧迫性。如果还有空闲的时间，从任务表中选择优先级中等的任务，并把它们纳入日程。考虑删除优先级低的任务，在安排了高等和中等优先级的任务之后，若仍有空余时间，才会轮到它们。

记住要切合实际、灵活地安排需要完成的任务。在日程中预留一些未确定的时间，用于处理意外事件或用于休息和放松。把每一分钟排满、持有不切实际的期望或者目标过于僵化，都会损害你完成任务的能力，使你更加紧张与焦虑。

以下是史蒂夫一周日程的示例。你可以看到他如何使用上述原理，拟定一个灵活的、可操作的、符合价值观的日程表。

史蒂夫的每周时间管理表

时间	星期一	星期二	星期三	星期四	星期五	星期六	星期日
6:00am	起床、洗澡、刮胡子	起床、慢跑	起床、洗澡、刮胡子	起床、慢跑	起床、洗澡、刮胡子		
6:30am	早餐	洗澡	早餐	洗澡	早餐		
7:00am	开车	早餐	开车	早餐	开车		
7:30am	送孩子去学校	开车	送孩子去学校	开车	送孩子去学校		
8:00am	上课	上课	上课	上课	上课	起床、慢跑	
8:30am	↓	↓	↓	↓	↓	洗澡	起床、洗澡
9:00am	↓	↓	↓	↓	↓	早餐	早餐
9:30am	↓	↓	↓	↓	↓	开车	开车

续表

时间	星期一	星期二	星期三	星期四	星期五	星期六	星期日
10:00am	↓	↓	↓	↓	↓	足球比赛!	杂货店购物
10:30am	↓	↓	↓	↓	↓	↓	↓
11:00am	午餐	午餐	午餐	午餐	午餐	↓	↓
11:30am	上课	上课	上课	上课	上课	开车	↓
12:00pm	↓	↓	↓	↓	↓	外出就餐	午餐
12:30pm	↓	↓	↓	↓	↓	↓	给朋友打电话
1:00pm	计划期	计划期	计划期	计划期	计划期	↓	↓
1:30pm	判卷	判卷	判卷	写推荐信	教学大纲反馈	开车	家庭时间
2:00pm	上课	上课	上课	上课	观摩课程	打扫办公室	↓
2:30pm	↓	↓	↓	↓	↓	↓	↓
3:00pm	部门聚会	↓	分析教学大纲	↓	查看被留堂的学生	观看比赛	↓
3:30pm	↓	开车	↓	开车	↓	↓	↓
4:00pm	开车	接孩子	↓	接孩子	开车	↓	↓
4:30pm	看牙医	开车	开车	开车	阅读、放松?	↓	↓
5:00pm	↓	↓	↓	打包晚餐	↓	↓	↓
5:30pm	开车	辅导孩子做作业	开车	辅导孩子做作业	↓	开车	做晚餐

续表

时间	星期一	星期二	星期三	星期四	星期五	星期六	星期日
6:00pm	晚餐	晚餐	晚餐	晚餐	晚餐	打包晚餐	晚餐
6:30pm	家庭时间	家庭时间	家庭时间	家庭时间	家庭时间	晚餐	
7:00pm	↓	↓	↓	↓	↓	↓	
7:30pm						看电影	
8:00pm	孩子上床睡觉	孩子上床睡觉	孩子上床睡觉	孩子上床睡觉	孩子上床睡觉		孩子上床睡觉
8:30pm							
9:00pm						孩子上床睡觉	
9:30pm							
10:00pm	睡觉	睡觉	睡觉	睡觉	睡觉		睡觉
10:30pm							
11:00pm						睡觉	
11:30pm	↓	↓	↓	↓	↓	↓	↓
12:00am							
12:30am							
1:00am							
1:30am							
2:00am							
2:30am							
3:00am							
3:30am							

续表

时间	星期一	星期二	星期三	星期四	星期五	星期六	星期日
4:00am							
4:30am							
5:00am							
5:30am							

你可能还会注意到史蒂夫没有列出任务表上的所有任务。两个优先级低的任务（"复习课程"和"调整预算"）被推迟到下一周，随着时限的临近，它们可能变成优先级高的任务，变得比其他活动更重要，但目前可以暂时跳过它们。这一周，史蒂夫对自己的工作效率感到满意，也把更多时间花在了家庭和健康上。

现在，你可以尝试一下！使用每周的时间管理表来安排下一周的计划。注意，要先把确定了的安排、约定和其他必要活动（例如睡觉、吃饭和沐浴）以及所需的时间写下来，这样，你将知道自己需要花多少时间向着目标努力。

你可以随身带着日程表，一旦需要就参考一下，尽量按计划执行；不过，如果你不能完全执行，也无须感到沮丧。继续练习，经过一周周的努力，你将能更准确地预估各项任务需要花费的时间，进而完成设定的目标，变得更加自信！

关于日程安排的提示

如果一开始很难安排日程，不要感到气馁。你的拖延习惯已经持续了很久，很难被打破！坚持下去，你会感到越来越轻松。如果不知道从何下手，可以使用以下策略：

保持灵活：如果出现意外情况，不要惊慌。深呼吸，花一点时间评估这是否是一项优先级高的任务。若是如此，删除优先级中等或低等的任务。如果不是，等时间允许再进行安排。

切合实际：问问自己，完成任务需要多长时间，不要把节奏卡得太紧或放得太松，这两种情况都会适得其反，并导致拖延。

忘掉"必须"：不要为你应该做的事情感到烦恼，相反，要专注于你能做的事情——放弃不可能实现的期望，你的效率将大大提高。

把适当的任务分配给他人：不要害怕向他人寻求帮助，但要提出具体的要求。如果你正在与完美主义作斗争，记住，你的做事方式不是完成工作的唯一方法。

记住你的价值观：优先考虑你认为重要的事情，删除不重要的任务。放弃一些东西并无大碍，没有人能完成一切任务。

使用意料之外的时间：如果你发现自己多出了一些额外的时间，可以将它们用于完成任务表上的事情。无须等待"完美"的时机，利用碎片化的时间也能做好很多事。

不要害怕说"不"：必要时，你可以拒绝他人的请求，以自己的事为重，不要接受不必要的责任或工作。你更需要设定健康的界限，而不是承担无法完成的任务。

限定思考的时间： 收集进行决策或制定项目所需的信息时，要设置合理的时间限制。世界上有无限的资源和数据，你不可能全部知道，也不需要全都知道。

使用缓冲区： 在各项任务之间留出几分钟的时间，这样你就不用着急进行下一项活动。尽量一件事一件事得做，日程表上列出的任务不必太多，但要好好完成，这会使你更加放松，从长远来看，也能提高你的工作效率。

不必想太多，着手去做： 不要等到感觉满意为止。如果一直等待完美的心态（全神贯注、没有丝毫焦虑），你将一事无成。尽快着手不会使你分心，而是让你开始专注。

考虑实际情况： 要根据最可能出现的状况，而不是最佳的情况制定计划。例如，不要计划那些只有在天气或交通状况理想的条件下才能完成的事。

安排休闲时间： 要安排一些空闲的时间用来休息或给自己充电，这将使你的工作效率更高。把每天安排得满满当当，只会让你收获失败，感到沮丧与困扰。

通过使用规划每周日程的策略，你将能更有效地管理时间。坚持下去，并给自己留出改善的时间。如果经过几周后你仍有困难，请回顾并确认上面的提示；如果你一直无法集中注意力或者感到任务量过多，可以把日程计划与后续的章节结合起来。

本章要点

• 有效的时间管理是减少焦虑与拖延的关键步骤。

• 做好日程管理、改变你与时间的关系能帮助你进行更有效的时间管理。

• 意识到自己是如何使用时间的,能帮助你评估这样的安排是否与价值观和优先级匹配。

• 安排好一天的时间并确定目标的优先顺序将减少焦虑、逃避与拖延。

第11章
改变你的关系

"改变你的关系"意味着什么？改变你与什么事物的关系？改变你与谁的关系？怎样改变？如果你对本章的标题感到困惑，不必担心，我们有意选择了模糊的标题，因为在克服拖延时，你可能需要考虑并改变与许多事物的关系，例如，与环境、与他人的互动方式，以及看待目标、评估进展和对待自己的方式。

如果一次性考虑所有变化，你可能会感到无所适从，无从下手。但正如老子所说，"千里之行，始于足下"，如果你一步步地来，每次做一点改变，你将会惊讶地发现改善与目标、他人、环境以及自己的关系是很容易的。

改变你与环境的关系

很多焦虑型拖延者都认为，克服拖延的最大障碍是吸引他们的诱惑与干扰——电视、手机、互联网、冰箱。有趣的是，尽管这些干扰是环境中固有的，但它们也在很大程度上处于我们的控制（或至少是调整）范围之内：如果电话一直响，就把它关掉；如果冰箱吸引着你，就离开厨房。通过这些看起来很简单的事，你可以改变环境以及自己与环境的关系，从而减少干扰、提高专注力与效率。

什么在干扰你

人们拖延的方式各有不同。对于一些人而言，害怕工作失败会使他们无法专注于临期的项目，反而去打扫房间、整理衣橱或折叠衣物；对于另一些人而言，完美主义使他们认为打扫房间是如此繁重的工作，以致宁愿熬夜工作、调整计划或给客户打电话。你投入其中的事情可能正是他人拖延的任务（反之亦然）。查看下面的列表，并在你拖延时会做的活动旁边打钩。

☐ 打电话
☐ 看电视
☐ 梳妆打扮
☐ 回复邮件或信息
☐ 吃饭
☐ 睡觉
☐ 健身
☐ 外出办事或采购
☐ 在线购物

□ 浏览网页

□ 打扫或整理书桌、汽车或房间

□ 纠结于任务的细节

□ 抓耳挠腮

□ 读报纸、杂志或书籍

□ 做白日梦或走神

□ _____

□ _____

你可以在空行上写出其他拖延的方式——请记住每个人有不同的选择，选择是无限的。

克服干扰

在找出干扰你的事情后，看看它们属于什么模式：是电视、互联网或他人的打扰等外部诱惑更容易吸引你，还是饥饿、疲劳或杂念等内在因素更容易困扰你？或许你说服自己要先完成一些不那么重要的事情，例如整理办公桌、拖地或外出办事。在拖延时，你最常做的事情是什么？关注它们，并使用以下策略从环境中清除这些诱惑。

走出家门：如果你发现在家工作时，自己总会跑去打扫卫生、整理杂物或处理琐事，那你需要尝试到其他地方工作，例如公共图书馆、安静的咖啡店或者办公室。

暂时关闭手机：不用紧张，只是暂时关机！在现代生活中，我们通过各种科技产品保持联络，在这样的情况下，如果还能保持专注，那简直是奇迹！如果你花太多时间查看手机，考虑暂时把它收起来，设定一个专心工作的时段，然后在这15、30或60分钟（你认为的合理时间）里关闭手机，也不要查看电子邮件或上网。

把令你分心的东西"藏"起来： 如果是在家工作，你需要确定一个工作地点，把它收拾整洁，将电视机、报纸、书籍和杂志放在视野之外，尽量不要出现让你分心的事物。注意不要花费太多时间来布置环境——它不一定是完美的，能让你完成工作即可。

远离人群： 如果你发现与他人在一起让你有机会把工作放在一边，而去聊天、讨论计划或拟定战略，那你最好选择一个远离他人的工作场所。如果你独自生活，家也许是最好的选择；如果室友或家人让你无法工作，你可以去办公室，或者在图书馆找一处僻静的地方，甚至有些时候，戴上耳塞就够了。

靠近人群： 与"远离人群"的策略相反，如果你总是通过做一些不宜让他人看到的事情来拖延，那就可以选择在公共场所工作，这样，你就不太可能去扯头发、抓皮肤或狂吃海喝。虽然你永远无法完全消除内在感受（例如紧张、饥饿或杂念）的干扰，但在一个不能将想法付诸实践的环境中工作，可以帮助你提高效率。

记住你的优先级： 拖延者往往认为只有先完成其他事情，才能关注手头的任务。外出办事、清洗衣物或回复电话等活动都带有紧迫性，所以，你可能错误地设定了它们的优先级。在准备去做一些琐事之前，先思考一下优先级高的任务，问问自己，哪项任务是可以延后完成的。

更改顺序： 有时，只需要更改任务的顺序，就会产生不同的效果。毋庸置疑，有些事是无法舍弃的，例如睡眠、运动、放松和娱乐，任何人都不可能一直工作，我们需要把健康生活必备的活动纳入日程——在完成某些工作之后。例如，你并非只有在运动、洗澡与午餐之后才能坐下来写报告，而可以设定"工作一小时后再去跑步"的目标，你或许会发现，当一些工作的重担被卸掉后，你将更享受慢跑。

设定提醒：有时，不需借助"外力"，仅靠我们的思绪就能导致拖延。当你在做白日梦、放空或者盯着墙壁发呆时，时间很快就过去了。如果你发现自己在这种事情上浪费了太多时间，那就需要想办法重新回到任务上。你可以把计时器设定为每隔几分钟响一次，或者在你很久不动电脑时，让屏幕保护程序发送提醒消息——这两个办法都能帮你摆脱白日梦，重新集中精力。

改变你与他人的互动方式

在对环境做出一些改变之后，我们还应该了解与他人的互动方式如何影响着拖延。如你所知，拖延的方式有很多种，拖延的原因也有很多种。有时，你推迟一个项目只是因为你不想做，这是一种间接的拒绝方式；有时，你想要完成太多事情，结果根本完成不了；或者这两种情况都存在，共同导致了拖延。我们发现拖延者经常承担太多不合理的责任、承诺完成不必要的任务、很难拒绝别人，这可能源于完美主义（"我应该能完成这些事情"）、害怕令他人失望（"如果我不提供帮助，他们会感到沮丧"）或是对表达主张感到不适（"随波逐流比较容易"），这种人际互动模式会产生不必要的压力、担忧以及拖延。学习如何坚定地拒绝不必要的额外义务,并把不合适的工作分派给他人,能帮助你把精力放在真正重要的任务上,从而减少逃避和拖延。

有效地沟通

如果你发现,自己经常因为讨厌必须完成的任务而拖延,或者总在答应别人的要求之后感到懊恼,那么,你很可能是一位被动沟通者。这在焦虑型拖延者中很普遍。被动沟通者不想与他人对质或者产生分歧,往往首先考虑别人的需求,避免争执,但总会感到生气、沮丧、压力或不满。逃避任务或推迟任务成为他们表达受挫感的间接手段和表达拒绝的温和方式。

另一种与之相反的方式是攻击性的沟通,即沟通者以强硬粗暴的方式要求他人满足自己的需求。人们经常把攻击性的沟通与有主见的沟通相混淆,实际上,两者截然不同。在有主见的沟通中,我们努力以适当的方式满足自己的需求,同时尊重他人的需求。下图说明了两种沟通风格之间的差异。

沟通风格

有主见的沟通	攻击性的沟通
尊重他人的感受	否认他人的感受
增进关系	破坏关系
以恰当的方式表达感受	使用吼叫、威胁或贬低等不良策略
获得他人的尊敬	使他人讨厌、害怕或逃避

有主见的沟通关注于恰当地表达自己的感受，同时尊重他人的权利。学习这种有效的互动方式，能让你在想拒绝的时候敢于说"不"，而不需要通过拖延来为自己开脱。

如何进行有主见的沟通？

吉尔是一位已婚女性，她有一份全职的工作，三个孩子正在上学。吉尔经常把家务活放在一边，而去做其他事情，比如打电话或外出逛街。结果，各种文件堆在她的橱柜上，未支付的账单混在其中，脏衣服堆满了房间。经过仔细讨论，吉尔开始意识到自己对丈夫和孩子不帮她做家务感到气愤。作为一位被动沟通者，她既不愿张口要求家人的帮助，也不会埋怨家人不主动提供帮助，而是拖着不收拾厨房、不洗衣服：逃避这些任务是她抗议家务劳动分配不均的一种间接方式。在吉尔掌握了进行有主见沟通的四个关键步骤（Bower et al., 1991）后，她发现自己拖延的倾向显著降低。

这四个步骤是：

第一步：界定情境

识别那些让你难以表达自己的感受与主张的情境。在这种情境中，往往会有哪些人在场？你通常在什么情况下感到难受？你常见的反应是什么？你希望做出怎样的改变？例如，你可能发现自己很难与权威人士

（教授或领导）进行有主见的沟通，或者充满冲突、情绪体验强烈的情境让你无法发挥沟通技巧。

> 吉尔界定了她的情境：周末（时间），我的家人（人物）经常通过看电视或外出来放松心情，却把我留下做家务（发生的事件）。这不公平，所以我拖着不干家务，而是给朋友打电话或做杂事（常见的反应）。我希望家人都分担一些家务，这样它就不会如此繁重，我们应该一起完成，共度时光（主张性的目标）。

第二步：表达自己

在这一步中，你要表达情境或他人的行为让你产生了怎样的感受。请使用第一人称来谈论自己的感受和需求，这样的方式让你能够不责备、不指责地阐明自己的观点。体会一下"我感到沮丧"与"你令我感到沮丧"之间的区别。第一种说法（使用第一人称）更容易奏效，因为它没有责备他人，让他人产生防御性。

> 因此，当吉尔与家人交谈时，她可以说："当我周末被留下来做家务时，我觉得这不公平，我感到气愤。"或者她可以说："你让我留下来做完所有家务是不公平的，让我感到气愤。"

你认为哪一种说法更好地使用了第一人称？哪一种说法会让她的家人感到被埋怨或指责？

第三步：提出解决方案

第三步是针对情境提出可能的解决方案。当提供解决方案时，你要使它清晰具体，但也要做好妥协的准备。需要注意的是，在有主见的沟通中，关键是要尊重所有人的需求。尽量不要把解决方案作为命令，而是作为明确坚定的请求。

吉尔给家人提出以下要求："我列出每周末需要完成的家务。我希望你们能选择其中一项，在每周六的早晨完成。"

第四步：描述结果

在提出解决方案后，你可以描述新安排将会带来怎样的结果。首先描述积极的结果，例如，这个新安排将让所有人得到怎样的好处。如果你们无法达成一致或有人无法遵守新安排，那么你需要花些时间设定限制并讨论消极的后果。

吉尔先强调了解决方案的积极性："通过家务分配，房间将变得更整洁，我也不会被家务压垮了。我们将有更多时间一起做一些有趣的事情。"幸运的是，吉尔的丈夫与孩子非常愿意帮助她，不过，如果他们拒绝，她可能会说出一些消极的后果。例如，她可能和孩子说："除非你完成任务，否则你不可以看电视或出去玩。"她可能和丈夫说："如果你不帮我做家务，我只能自己做，那我就没时间准备午餐了，你自己做吧。"

练习：进行有主见的沟通

回顾一件让你屡屡拖延的事，你对它感到不满，或后悔接了这个差事。用上述步骤进行有主见的沟通。

第一步：界定情境
哪些人参与其中？＿＿＿＿＿＿＿＿＿＿＿＿＿＿＿＿＿
发生在什么时候？＿＿＿＿＿＿＿＿＿＿＿＿＿＿＿＿＿
通常发生什么事？＿＿＿＿＿＿＿＿＿＿＿＿＿＿＿＿＿
我一般会怎样回应？＿＿＿＿＿＿＿＿＿＿＿＿＿＿＿＿
我想做出什么样的改变？＿＿＿＿＿＿＿＿＿＿＿＿＿

第二步：表达自己
你会如何以不指责的方式表达自己的感受呢？使用第一人称，写下你对该情境或他人行为产生的感受。

＿＿＿＿＿＿＿＿＿＿＿＿＿＿＿＿＿＿＿＿＿＿＿＿＿

第三步：提出解决方案
你提出的解决方案是什么？提出尽可能明确具体的要求。

＿＿＿＿＿＿＿＿＿＿＿＿＿＿＿＿＿＿＿＿＿＿＿＿＿

第四步：描述结果
这个解决方案会产生怎样的积极影响？
对你：＿＿＿＿＿＿＿＿＿＿＿＿＿＿＿＿＿＿＿＿＿＿
对他人：＿＿＿＿＿＿＿＿＿＿＿＿＿＿＿＿＿＿＿＿＿
如果情境没有改变，将会怎样？

＿＿＿＿＿＿＿＿＿＿＿＿＿＿＿＿＿＿＿＿＿＿＿＿＿

当你承担了不合理的义务，很难拒绝或不情愿地答应了它的时候，可以反复进行这一练习。

解决纷争

当我们进行有主见的沟通时，有时会出现问题。下面是一些常见的难题与解决方案：

- 请记住，你不必立即做出回应。如果你感到压力或陷入困境，最好先不要做出决断，等到你有时间整理思路并恢复平静之后再回应。告诉等待答复的人，你需要思考和斟酌的时间，不必因没能做出即时反馈而内疚。

- 当进行有主见的沟通时，我们必然会遇到一些咄咄逼人的人，他们可能通过讽刺、轻蔑或敌意来回应你的意见。在这种情境下，你要记住，一个巴掌拍不响。消除对方敌意的关键通常在于找到共同点。试着去发现并认可对方观点中的正确之处，你将会发现对方的敌对立场在缓缓动摇，让你能继续寻找解决方案。

- 另一个常见的问题是，在与拒绝倾听的人打交道时，我们尝试使用沟通技巧，但对方拒绝参与讨论。这时可以使用"坏唱片"技术，重复解释你的要求或答复，直到对方认可为止。这使你不会摇摆不定，陷入无效的争论。

- 有主见的沟通经常会陷于艰难的情境。为了有效地践行上文中的四个步骤，我们必须控制自己的情绪。如果你感到生气或沮丧，或者讨论得过于激烈，那就需要暂停一下，后退一步，让每个人都冷静下来，最终往往能找到更有效的解决方案。

改变你看待目标、进展与自己的方式

为了克服拖延,我们能做出的最大改变之一可能就是改变看待目标的方式、评估进展的方式以及对待自己的方式。作为一名焦虑型拖延者,你可能多年来一直都在设定不切实际的目标,关注未完成的部分,不断鞭策自己。一般来说,忽略已完成的工作、纠结于未完成的工作,不是有效的激励策略,这会让你感到沮丧、焦虑,甚至出现拖延行为。从长远来看,惩罚也不太有效。为了真正克服逃避,你必须停止消极评价,把关注点放在自己正在完成的工作上。

过程比结果更重要

拖延者总会不假思索地说出自己是如何没能达成目标的,同时他们也忽视了自己取得的任何积极进展。你经常对自己说下面的话吗?

- 因为我没有……,所以我已完成的工作是无关紧要的。
- 谁在乎呢?这件事仍然没有完成。
- 这只是最容易完成的一部分。
- 这项工作是微不足道的。
- 它能起什么作用呢?
- 只有这项任务完成了,我才能感觉良好。
- 迄今为止,其他人都完成了。

在读完以上的句子之后，你感觉如何？精神振奋，巴不得赶快开始行动吗？可能不是这样吧？只看到未完成的工作不能激励你，它会令人沮丧，损害你的自信，消耗你的精力。不要只关注尚未完成的工作，而要查看已完成的任务或已取得的进展。把目光从结果转移到努力上，你可能会发现结果也得到了改善。尝试换成以下的新思路：

- 每个小进步都有意义。
- 我比以前更接近目标。
- 聚沙成塔，聚水成河。
- 我努力工作了。
- 努力总比不努力要好。
- 我正竭尽全力。
- 有时花费的时间会比预期的要长。
- 注重过程，不要在意结果。

奖励比惩罚更有效

积极强化对改变行为十分重要，它比惩罚更有效的原因是：奖励自己的良好表现会让你以后更有可能重复这种行为，取得更大的进步；而惩罚只会告诉你不应该做的事——不会告诉你如何才能做得更好。因此，即使你没有达到理想的效果或者事情仍然不够完美也没关系，只要继续努力就可以。你会发现积极强化比责备自己或者只关注失败更有效。

奖励自己的第一步是确定"奖品"。每个人的动机都是不同的，你或许会发现，在不同的情境下，能够激励你的东西也是不同的，它可能是物品、体验、人，或任何事物。因此，想一下那些让你感觉良好的事情。下列示例或许会给你带来灵感：

- 泡个澡
- 去做按摩
- 看电影
- 与某个人分享当前的完成情况
- 买衣服
- 听音乐
- 散步
- 买体育比赛门票
- 外出就餐
- 与朋友聊天
- 与伴侣、重要他人或朋友约会
- 骑自行车出去转转
- 关注已取得的成绩
- 计划去度假
- 去海滩或公园
- 得到自己或别人的表扬
- 阅读书籍
- 什么也不做

你可以借助你在第9章中列出的奖励来获得更多的灵感。考虑所有的可能性，包括物质奖励、社交互动、休闲活动或者仅仅认可已取得的成绩。使用下面的空行记录你的选择。

- _____
- _____
- _____

确定好适合你的奖品后,记得在下次取得进展时奖励自己。刚开始,你可能感到不适,因为你更习惯用惩罚来激励自己。坚持下去,不必因对自己太温柔而不安;记住,要想让某种行为在未来频繁出现,最有效的方式就是现在奖励它。认可自己的努力,才会带来更多的努力与更多的成功。下面的提示可以帮助你适应看待进展和与自己互动的新方式。

奖励自己: 认可并奖励自己为实现目标而采取的任何步骤。并非只有瞩目的成就和壮举才能得到嘉奖,只需付出一点努力就可以被奖励。

适当奖励: 使奖励与努力保持一致。如果你实现了重大的目标,就给予重大的奖励;如果你只做出较少努力,那就给予较小的奖励;尽管如此,要记住你想要的成果是什么,不要根据"你应该完成的任务"或者"他人完成的任务"来评价自己。

不要延迟奖励: 一旦取得成绩,就及时给予自己奖励,不要等待。对你的大脑来说,在行为和奖励之间建立联系是非常重要的;当两者相继发生时,更容易建立起联系。

不要提前奖励: 在取得进展之前,不要奖励自己。你可能希望先外出就餐再回来工作,这可能适得其反。

追踪进展: 有时,标记进度本身就是一种奖励。划掉清单上已完成的项目产生的满足感,可能会令你感到惊讶。

改变看待任务的方式

显然，人们越讨厌任务，就越没有动力完成它。如果你只关注任务中讨厌的部分，或认为某项任务会让你感到不快，就可能引发焦虑、沮丧和拖延。如果你发现自己经常抱怨手头的任务无聊或糟糕，以下策略可能有所帮助。

借助奖励： 很多时候，付出努力并完成任务本身就可以成为奖励。尽管如此，对于那些特别讨厌的情境，你可以使用之前学过的技巧设定目标，将讨厌的任务分解为小步骤，然后使用奖励促进你完成每个步骤。

与有趣的事情一起做： 如果你拖延的是无聊或厌恶的事情，试着把它和一些有趣的事情联系起来。例如，如果你一直不愿看无聊的工作手册，就可以把它拿到户外，坐在阳光下阅读；你还可以一边看喜欢的电视节目，一边锻炼；或者一边听收音机里的比赛，一边锄草。

与社交活动结合： 将任务转变成社交活动，可以促成双赢的局面。如果你无法静下心来准备生物考试，可以组建学习小组；如果你在写作方案上遇到困难，可以请同事喝咖啡，讨论一下你的论点；你也可以和朋友一起打扫阁楼。把讨厌的任务与社交活动结合起来，能帮助你克服最艰难的阶段。

增加挑战性： 如果你因为任务太无聊而出现拖延，可以试着让它们变得更有挑战性。例如，设定一个通过踏步机消耗热量的目标，然后战胜它；看看你每分钟能输入多少字；与室友比赛，看看谁能更快装满一袋用于捐赠的衣服。找到把无聊任务变得有趣的方法，你将提升自己的效率。

本章要点

- 改变环境有助于克服拖延。
- 有主见的沟通有助于减少担忧与焦虑，使你摆脱不必要或不想要的责任。
- 有主见的沟通包括四个步骤：界定情境、表达自己、提出解决方案以及描述结果。
- 关注进展，而非仅关注结果，有助于强化完成任务的动机。
- 奖励自己所做的积极努力，将减少你对任务的厌恶感，使你更可能继续做出这种努力。

第四部分
如何保持积极的改变

第12章
获得支持

克服拖延往往是一场艰难孤独的斗争。很多时候，你可能会感到非常孤独，在遇到困难时得不到支持和帮助，在艰难任务上取得进展时得不到鼓励和认可，感到没有人能理解你，于是开始出现拖延和逃避行为。在这项艰巨的任务中，你不必独自战斗，他人的支持是至关重要的，能极大地提高成功的可能性。本章将帮助你了解如何获得最适合目前处境的支持，进而利用它来克服拖延并保持积极的改变。

哪些支持有助于克服拖延

社会支持是指他人为我们提供的某种帮助，包括四种类型。

情感支持：情感支持者是很好的倾听者，使你感到自己有价值，发现自己的优点。

实际支持：实际支持者帮你处理日常问题，例如照顾孩子、做饭或经济资助。

信息支持：信息支持者可能提供重要的决策信息、指导或建议，或者在某一领域具有专业知识。

同伴支持：同伴支持来自正在与拖延作斗争的，或者曾经有过拖延问题的人。

> 马克一年前失业了。他入不敷出，不得不回家与父母同住，在过去的六个月里一直感到焦虑和沮丧。马克的主要目标之一是找到新工作。一开始，他不愿付出努力，反而经常独自坐在电脑前上网或查看电子邮件，一整天过去了也没有任何进展。
>
> 在接受心理咨询后，马克逐渐减少拖延，开始积极找工作。但是，马克缺乏能帮助他克服拖延并找到工作的社会支持。他花了一段时间努力找工作，在一无所获之后变得灰心丧气，重新出现逃避和拖延问题。在了解各种支持之后，马克认为他需要职业顾问的信息支持，帮助他评估就业市场并设计更有效的简历；他需要朋友的情感支持，帮他度过这段艰难的时光并保持较高的动机；他需要家人的实际支持，帮他联系面试并买到新的面试服装；他还认为与拖延者沟通能提供给他同伴支持以及有用的提示，所以他找到了一个在线论坛。

当你了解了各种可用的社会支持时，就会发现你和马克一样需要不同类型的支持。例如，如果你一直无法完成报告的原因是电脑出了故障，你不知道怎样修复，那么你就需要实际支持，找到某个人（朋友或计算机专家）帮助你，否则你将永远无法完成任务；同样，如果你无法参加养老保险计划的原因是不了解其运作方式，那么，你就需要信息支持来实现未来的养老目标。

练习：你需要怎样的支持？

花点时间找到一项你正在逃避的任务，把它写在下面的空白处，并分析你所需的社会支持类型。

目前我拖延的一件事是＿＿＿＿＿＿＿＿＿＿＿＿＿＿＿＿＿＿＿

我认为完成此任务最有效的支持类型是＿＿＿＿＿＿＿＿＿＿＿＿

怎样获得这些支持

确定重要的支持者

在熟悉各种支持之后，需要确定关键的支持者。你可以获得谁的支持？通过找到那些能给予帮助的人，了解他们为你提供帮助的方式，你将会形成自己的社会网络。这样，当你需要的时候，你就能知道如何及时取得帮助。

练习：找出支持者

谁是你的支持者？在了解不同的支持类型之后，花一些时间确定支持网络中的每类重要支持者。

情感支持：

1. _____
2. _____
3. _____
4. _____
5. _____

实际支持：

1. _____
2. _____
3. _____
4. _____
5. _____

信息支持：

1. _____
2. _____
3. _____
4. _____
5. _____

同伴支持：
1._____
2._____
3._____
4._____
5._____

在完成这项练习时，你可能会发现获取支持的更多渠道。如果你很难在每个领域获得资源和帮助，就需要努力拓宽社会支持网络了。下列方法可作参考：

- 给长期不联络的老朋友打电话
- 在社区当志愿者
- 给朋友或同伴提供支持
- 在工作中参加社交活动
- 报名参加课程
- 参加一项有他人参与的爱好
- 友善而开放，不断扩展你的社交网络
- 向朋友询问，他们是否知道谁能为你提供所需的支持（例如具有专业知识或技能的人）

在评估社会支持网络并补充社交短板之后，你可以使用一些方法来充分利用社交支持。

进行有主见的沟通

回想一下第11章的内容：为了满足需求，你要进行有主见的沟通。这意味着在沟通过程中，你既要满足自己的需求，也要尊重另一方的需求。为了得到克服焦虑型拖延所需的支持，要遵循界定情境、表达自己、提出解决方案以及描述结果四个步骤，坚定地提出请求。

通过这四个步骤，马克获得了朋友的情感支持。马克的朋友没有恶意，但有时会鄙视他的处境，嘲笑他和父母住在一起。因此，马克开始逃避与他们的交往，但是这让他感到更加孤独与沮丧。因此，他首先界定了这一情境（朋友取笑他），然后通过第一人称表达自己的观点："每当你们嘲笑我的境况时，我都感到非常沮丧，觉得我比现实的状况更糟糕。"他对朋友提出建议："除了嘲弄我，我更想听到一些改善境况的办法，或者我们可以谈论其他事情。"然后他描述了积极的结果："那样，我们可以一起出去玩，我会变得更积极，或许还能找到工作。"

向支持者公开目标

对拖延者来说，设定外部时限，请他人对此回应，既是一种有效的动力，也是一种利用社交支持的方式。当你做出改变的承诺时，公开你的目标更可能让你坚持下去，知道你目标的人们也会定期查看你的进展，提供言语上的支持或鼓励。例如，你公开承诺要开始健身，从社会支持列表中选择一个人成为运动伙伴，他将监督你的进度，并对你进行言语鼓励——当你不想锻炼的时候，他会敦促你起床去健身房。此外，你可以对你的社会支持者明确说明工作目标，甚至承诺完成它的期限。同样，他会与你一起核实进度，提供支持与鼓励，从而帮助你朝着目标前进。通过与支持者分享目标与计划，你能得到更多的信息支持。

练习：说出你的目标

> 针对你拖延的一项任务，选择支持者列表上的某个人，向他说出你的目标。最理想的情况是，找到你最认可的人或者最能鼓励你的人。

本章要点

- 社会支持（他人提供的情感、实际或信息帮助）对克服拖延与保持成果至关重要。
- 社会支持有四种：情感支持、实际支持、信息支持与同伴支持。通过评估你需要的支持类型，以及在支持网络中谁能提供支持，你将获得帮助来战胜焦虑型拖延。

- 寻求帮助往往需要进行有主见的沟通，既要尊重自己的需求，也要尊重他人的需求。
- 设定外部时限或与他人分享目标，都能为克服拖延提供有效的动机。

第13章
预防拖延卷土重来

克服了拖延的感受很棒。你与消极想法和逃避行为进行了艰难的斗争,最终冲破黑暗寻找光明。高效和快乐重新回到你的生活。你的自尊大大提升,人际关系得以改善。你能自信地掌控自己的生活。你想永远保持这种感觉。

在这一章中,你将学习如何使用技能与知识来战胜拖延,以防止拖延的问题再次出现。

拖延卷土重来的信号

一旦你觉得自己已经掌握了克服拖延所需的技巧,就可能很想放松下来。但是,生活中总会有新任务,你也总会面临新要求。那么,当你受到拖延的困扰时,复发意味着什么?在实际工作中,我们给出简单明了的定义——如果拖延再一次达到了严重影响生活的程度,你的拖延问题就复发了。但偶尔拖延不意味着复发。如果某项任务的确让你感到焦虑，你强烈地想要逃避，因此决定推迟它，这只是因为"你也是人"。

举个例子，假设你是一名学生，拖延导致你的成绩比其他同学差。你使用本书描述的策略，努力学习，随着时间推移与不懈实践逐渐克服了拖延，重新获得了生活控制感。你完成了所有作业，结课考试的成绩令人满意。你感觉良好，想知道自己以后是否还会拖延。

当接下来的学期开始时，你遇到一个艰巨的任务。教授要求你提交一篇学期论文。当你坐下来开始写作的时候，熟悉的焦虑感急剧上升，你开始怀疑自己无法完成作业。你向窗外望去，看到朋友们坐在草坪上惬意地晒着太阳。于是你什么也没写，合上书，关上电脑，径直走了出去。

这个拖延场景是否意味着你的拖延问题复发了？幸运的是，并非如此——你不必担心。记住，若要达到复发的标准，拖延的症状必须达到足够高的水平——严重干扰了你的生活。

拖延复发的显著标志是什么？首先回想一下促使你阅读这本书的问题。需要注意的迹象包括：

- 错过截止日期
- 没有完成作业
- 他人（朋友、家人、教授、主管）抱怨
- 感到长期压力、焦虑或者不知所措
- 因为逃避任务而经常被罚款、缴纳滞纳金或受惩罚斯特拉在一个工作繁忙的律师事务所中担任助理，受到焦虑型拖延的困扰。她非常配合治疗，经历了克服拖延的波折，在练习本书中介绍的技术时，通过试误的方式找到了适合她的技术。随着时间的推移，她更加擅长克服自己的拖延倾向，不久就摆脱了拖延问题。

尽管如此，在完成治疗大约一年后，斯特拉决定重返学校，攻读法学学位。在上学的前几个月中，她旧有的拖延模式开始出现。教授制定了严格的阅读计划与作业，她发现自己跟不上进度。每天学习时，她总感到一阵焦虑——完美主义倾向突然出现——于是她出去喝了杯咖啡。她因为缺课而收到了教授们发来的电子邮件。起初，他们只是询问关于作业的问题。之后，他们警告：如果斯特拉没有完成作业，她将被法学院开除。显然，斯特拉的拖延问题复发了。

斯特拉进入充满挑战的新环境，引发了她对失败的恐惧和完美主义信念。不过，幸运的是，她拥有所需的各种工具来解决拖延问题并从法学院毕业。她只需重新使用那些过去有效的策略。斯特拉发现了自己追求完美的认知曲解，运用正念策略关注当下，提升时间管理技能，走上正轨。她重新努力，再一次击败自己的拖延。斯特拉完成了该学期的所有作业，按时从法学院毕业。

如何防止拖延卷土重来

在了解复发的含义之后,你可以设定预防复发的计划。下面是计划的四个步骤:

1. 识别预警迹象;
2. 了解对你有用的方法;
3. 继续练习;
4. 重写人生规则手册。

第一步:识别预警迹象

防止复发的第一个步骤是了解复发的预警迹象。这些预警迹象代表着拖延再一次占据了上风,它会表现为不同的形式,包括:

- 多数时候感到焦虑、压力或者不知所措
- 任务延迟或没有完成任务
- 他人的抱怨

按照最可能发生的次序,我们列出了三种预警迹象。第一个迹象通常是一般意义上的焦虑感或压力感:你开始不知所措,感到极大的压力;你的生活像是一张充满待办事项的清单,你只想停下来,逃避这一切;你可能感觉到压力导致的身体症状,例如胃部不适或剧烈头痛;你可能注意到情绪的变化——烦躁或沮丧。你竭尽全力,才能维持现状。

由于存在焦虑感与压力感，你开始拖延与逃避——第二个预警迹象：你宁愿打盹，也不愿完成重要的工作项目；当坐下来工作时，你开始浏览网页。你自知正在推迟越来越多的任务，感到自己越来越落后。

一旦拖延再次重现，你通常意识到第三个预警迹象：他人的不快与你的逃避。这可能表现为多种形式：伴侣对你感到失望，你收到了未完成作业的成绩单，客户抱怨你错过了截止日期，你在邮箱中发现了第三次账单逾期的通知……这些迹象都表示别人对你的拖延感到不满。当然，他人的抱怨表明了拖延再一次占据了你的生活，你需要立刻行动以重获对生活的掌控感。

练习：识别预警迹象

> 花一点时间识别你的预警迹象，包括焦虑症状、拖延造成的干扰迹象或者由于没有完成或逃避任务导致的人际关系问题。

第二步：了解对你有用的方法

在识别出拖延复发的预警迹象后，花点时间思考一下本书的各项练习。所有练习都是治疗拖延的有效方法，不过，你或许偏好某些技术，而这些技术对你来说是最有效的。标记被曲解的认知是缓解焦虑的重要方法。你可能发现正念能让你保持专注，或者时间管理的效果很好，或许你还可能发现各种技术的结合更有效。

无论你觉得哪种方法有效，这些技术都能有效预防拖延的复发，是对抗拖延的工具箱，是你随时可用的策略。

练习：哪种方法对你有用？

借助下面的列表，辨识一下哪些技术有所帮助，即使它只能提供微弱的帮助。

- 标记思维中的认知曲解
- 形成理性的应对反应
- 发现恐惧的根源
- 真实地体验失败或成功
- 进行实践
- 提升技能
- 质疑完美主义信念
- 消除包含"应该"的表述
- 接受平均水平
- 忍受不确定
- 在现实或想象中直面恐惧与担忧
- 进行正念练习
- 确定你的价值观
- 设定有效的目标
- 使用时间管理技能
- 对环境做出改变
- 进行有主见的沟通
- 关注进展并奖励自己
- 利用社会支持

第三步：继续练习

克服拖延会让你真正感到快乐。现在，你可能想要放下这本书，享受高效轻松的生活。但就拖延而言，复发往往就在眼前。你很难完全摒弃旧习惯，很容易滑至原来的状态。因此，为了防止复发，你要继续练习已经学到的技术，就像锻炼身体那样——在塑身成功之后，你不会停止锻炼。我们希望即使你感觉良好，也要继续控制拖延。

当然，在克服拖延之后，你可能发现你比以往更忙碌、更有效率，因此很难找到练习的时间。你可以每周都选择固定的时间练习那些对你有效的技术，当然，你也可以把这些技术运用到现实之中。不过，在日常生活之外对在上一步中选出的方法进行定期练习，能有效提升你的技能，对预防复发大有助益。

练习：规划练习时间

> 在每一周中选择特定的时间，练习那些对你有效的技术。你可以把它们填到第10章的时间管理表中。

第四步：重写人生规则手册

人们都有自己的人生规则。我们在成长过程中从父母那里或重要的早期经验中获得生存规则。有时，我们甚至意识不到规则是什么，但它们指导着我们的日常决定与行为。作为拖延者，你有一系列导致拖延与逃避的规则。在这本书中，我们介绍了拖延的症状、成因，以及解决拖延症状和其背后恐惧的具体技术，提供了改变行为的策略。但是，要想维持取得的进步，你需要查看一下你的规则手册，并发现其中容易诱发拖延的核心信念。

尽管这些规则导致你出现拖延与逃避，但它们也常被作为一种解决方案，因为它们通过鼓励你逃避某些想法或任务，解决了你的焦虑感与恐惧感。不过，这些规则在解决一个问题时，又会导致另一个问题。例如，假设你每次坐下来写报告时都会感到强烈的焦虑，随着截止日期逼近，你的焦虑感逐渐增强，你感到沮丧，感到自己必须完美地完成它，压力一直在持续。不过，你没有努力完成它，而是采取了长期以来形成的规则：当我感到焦虑时，我应该逃离令我害怕的事情，而不是面对它。因此，你看电视、玩手机、上网，选择用逃避来减轻焦虑——解决这个问题，不过也产生了另一个问题——没完成任务的后果。

为了做出长期的改变，重写你的规则手册是至关重要的。通过改变规则，你不太容易再次出现拖延。以下是一些示例。

规则手册

旧规则	新规则
1.逃避是有效的：如果情况不好，我应该逃避。我很难受，感到焦虑意味着我出了问题。	**1.我能面对它**：不管我的感受如何，我将完成我需要或想做的事情。有时感到焦虑是正常的，这不意味着我出了问题。

续表

旧规则	新规则
2.**完美主义信念**：高标准激励着我。我无法容忍错误。除非事情是"正确"的，否则我就会感觉糟糕。	2.**足够好就可以了**：我意识到追求完美让我不知所措，因此，我要设定使我继续前进的目标。
3.**失败是不可接受的**：我不能忍受失败。如果不确定能否成功，我就不会尝试。失败是可耻的。	3.**失败是生活的一部分**：每个人都有优点与缺点。失败是生活中正常的一部分。如果存在不足，我将逐步提升技能。
4.**我应该感觉到"正确"**：存在完成任务的正确时间、地点与心境。我需要等待这样的时刻。	4.**现在就去做**：即使我感到不够专注或没有动力，我也能完成很多事情。如果我有几分钟的时间，我可以现在开始，而不是等到以后。
5.**我不一定非要去做**：如果事情无聊或令人不快，我不必这样做。我要做更有趣的事情。	5.**克服困难**：有时，我需要完成一些我不想做的事情。我完成得越快，就能越早地享受生活。

恭喜你！你已经掌握了克服拖延所需的所有工具。随着拖延与担忧的时间减少，你不仅能完成更多任务，而且有更多时间享受人生。祝愿你的付出都能有回报！

本章要点

- 复发只意味着拖延的症状已经恢复到严重影响你生活的程度。

- 有效的复发干预包括四个关键步骤：识别预警迹象、了解对你有用的方法、继续练习以及重写人生规则手册。
- 如果你重新出现拖延并陷入困境，考虑寻求专业细心的、善于处理焦虑与拖延的心理学家或精神科医生的专业帮助。

参考文献

Bandura, A. 1997. *Self-Efficacy: The Exercise of Control.* New York: Freeman.

Beck, A. T., A. J. Rush, B. F. Shaw, and G. Emery. 1979. *Cognitive Therapy of Depression.* New York: Guilford Press.

Bower, S. A. and G. H. Bower. 1991. *Asserting Yourself: A Practical Guide for Positive Change.* 2nd ed. New York: Perseus Books.

Brantley, J. 2007. *Calming Your Anxious Mind: How Mindfulness and Compassion Can Free You from Anxiety, Fear, and Panic.* Oakland, CA: New Harbinger Publications.

Brownlow, S. and R. D. Reasinger. 2000. Putting off until tomorrow what is better done today: Academic procrastination as a function of motivation toward college work. *Journal of Social Behavior and Personality* 15: 15-34.

Burka, J. B. and L. M. Yuen. 2008. *Procrastination: Why You Do It, What to Do About It Now.* Cambridge, MA: Da Capo Press.

Chu, A. H. C. and J. N. Choi. 2005. Rethinking procrastination: Positive effects of "active" procrastination behavior on attitudes and performance. *Journal of Social Psychology* 14: 245-264.

Cobb, S. 1976. Social support as a moderator of life stress. *Psychosomatic Medicine* 38: 300-314.

Craigie, M. A., C. S. Rees, A. Marsh, and P. Nathan. 2008. Mindfulness-based cognitive therapy for generalized anxiety disorder: A preliminary evaluation. *Behavioural and Cognitive Psychotherapy* 36: 553-568.

Dietz, F., M. Hofer, and S. Fries. 2007. Individual values, learning routines, and academic procrastination. *British Journal of Educational Psychology* 77: 893-906.

Effert, B. R. and J. R. Ferrari. 1989. Decisional procrastination: Examining personality correlates. *Journal of Social Behavior and Personality* 4: 151-161.

Evans, S., S. Ferrando, M. Findler, C. Stowell, C. Smart, and D. Haglin. 2008. Mindfulness-based cognitive therapy for generalized anxiety disorder. *Journal of Anxiety Disorders* 22: 716-721.

Foa, E. B. and M. J. Kozak. 1986. Emotional processing of fear: Exposure to corrective information. *Psychological Bulletin* 99: 20-35.

Fritzsche, B. A., B. R. Young, and K. C. Hickson. 2003. Individual differences in academic procrastination tendency and writing success. *Personality and Individual Differences* 35: 1549-1557.

Hayes, S. 2005. *Get Out of Your Mind and Into Your Life*. Oakland, CA: New Harbinger.

House, J. S. 1981. *Work Stress and Social Support*. Reading, MA: Addison-Wesley.

Kabat-Zinn, J. 1990. *Full Catastrophe Living*. New York: Delacorte Press.

———. 1994. *Wherever You Go, There You Are*. New York: Hyperion.

Kim, Y. W., S. H. Lee, T. K. Choi, S. Y. Suh, B. Kim, C. M. Kim, S. J. Cho, M. J. Kim, K. Yook, M. Ryu, S. K. Song, and K. H. Yook. 2009. Effectiveness of mindfulness-based cognitive therapy as an adjuvant to pharmacotherapy in patients with panic disorder or generalized anxiety disorder. *Depression and Anxiety* 26: 601-606.

Klibert, J. J., J. Langhinrichsen-Rohling, and M. Saito. 2005. Adaptive and maladaptive aspects of selforiented versus socially prescribed perfectionism. *Journal of College Student Development* 46: 141-156.

Ladouceur, R., M. J. Dugas, M. H. Freeston, E. Leger, F. Gagnon, and N. Thibodeau. 2000. Efficacy of a cognitive-behavioral treatment for generalized anxiety disorder: Evaluation in a controlled clinical trial. *Journal of Consulting and Clinical Psychology* 68(6): 957-964.

Locke, E. 2002. Setting goals for life and happiness. In *Handbook of Positive Psychology,* eds. C. R. Snyder and S. L. Lopez, 299-312. New York: Oxford University Press.

McCown, W., J. Johnson, and T. Petzel. 1989. Procrastination, a principal components analysis. *Personality and Individual Differences* 10: 197-202.

Mehrabian, A. 2000. Beyond IQ: Broad-based measurement of individual success potential or "emotional intelligence." *Genetic, Social, and General Psychology Monographs* 126: 133-239.

Milgram, N. and Y. Toubiana. 1999. Academic anxiety, academic procrastination, and parental involvement in students and their parents. *British Journal of Educational Psychology* 69: 345-361.

Miller, W. and S. Rollnick. 2002. *Motivational Interviewing: Preparing People for Change*, 2nd ed. New York: Guilford.

Onwuegbuzie, A. J. and K. M. T. Collins. 2001. Writing apprehension and academic procrastination among graduate students. *Perceptual and Motor Skills* 92: 560-562.

Senecal, C., K. Lavoie, and R. Koestner. 1997. Trait and situational factors in procrastination: An interactional model. *Journal of Social Behavior and Personality* 12: 89-903.

Sirois, F. M., M. L. Melia-Gordon, and T. A. Pychyl. 2003. "I'll look after my health, later": An investigation of procrastination and health. *Personality and Individual Differences* 35: 1167-1184.

Skinner, B. F. 1965. *Science and Human Behavior*. New York: Free Press.

Spada, M. M., K. Hiou, and A. V. Nikcevic. 2006. Metacognitions, emotions, and procrastination. *Journal of Cognitive Psychotherapy* 20: 319-326.

Steel, P. 2007. The nature of procrastination: A meta-analytic and theoretical review of quintessential selfregulatory failure. *Psychological Bulletin* 133: 65-94.

Stöer, J. and J. Joorman. 2001. Worry, procrastination, and perfectionism: Differentiating amount of worry, pathological worry, anxiety, and depression. *Cognitive Therapy and Research* 25: 49-60.

Stoeber, J., A. R. Feast, and J. A. Hayward. 2009. Self-oriented and social prescribed perfectionism: Differential relationships with intrinsic and extrinsic motivation and test anxiety. *Personality and Individual Differences* 47: 423-428.

Sub, A. and C. Prabha. 2003. Academic performance in relation to perfectionism, test procrastination, and test anxiety of high school children. *Psychological Studies* 48: 77-81.

Tan, C. X., R. P. Ang, R. M. Klassen, I. Y. F Wong, W. H. Chong, V. S. Huan, and L. S. Yeo. 2008. Correlates of academic procrastination and students' grade goals. *Current Psychology* 27: 135-144.

Van Eerde, W. 2003. Procrastination at work and time management training. *Journal of Psychology* 137(5): 421-434.

Wegman, D. 1994. *White Bears and Other Unwanted Thoughts: Suppression, Obsession, and the Psychology of Mental Control.* New York: Guilford Press.

Zinbarg, R. E., M. G. Craske, and D. H. Barlow. 1993. *Mastery of Your Anxiety and Worry: Therapist Guide.* San Antonio, TX: Harcourt Brace.

致谢

我们要感谢New Harbinger Publications的编辑们——特西莉亚·哈纳尔（Tesilya Hanauer）、杰西·比比（Jess Beebe）和卡罗尔·霍尼彻奇（Carole Honeychutch），感谢他们对本书的支持、热情与卓越的贡献。非常感谢校对者格洛丽亚·斯图泽纳克（Gloria Sturzenacker）对细节的执着。和你们一起工作，我们感到非常愉悦。

当然，我们要感谢来访者的信任，他们给予我们力量、勇气和坚持，我们非常感激。

同时感谢家人在我们笔耕不辍的深夜与周末里给予无限的耐心与鼓励。和我们生活中的多数事情一样，如果没有你们，我们无法完成这本书！

献给汤米（Tommy）和杰克（Jack）——我拖延的最佳理由

——帕梅拉·S.威加茨（Pamela S.Wiegartz）

献给科迪（Kody）

——凯文·L.焦尔科（Kevin L.Gyoerkoe）